Nanako's Electricity Forecast

電気予報士

ななこのおでんき予報

伊藤菜々

エネルギーフォーラム

はじめに

なぜ伊藤菜々が「電気」に興味を持っているか？

筆者が電力業界に入った2012年、固定価格買取制度（FIT制度）が始まって以降、太陽光発電の開発が増え、投資商品としてブームになったときに再生可能エネルギー（再エネ）ファンドに入ったのがきっかけです。もともと金融系で働いていたため、知り合いの紹介では、田舎へ行って太陽光発電を設置できそうな場所か、電柱までどれくらいの距離があるかなど現地調査をしたり、土地の謄本を取得して所有者などを調べたりと、あまり電気に関することはしていませんでした。ただ、「再エネ」という環境に良い発電方法もあるんだというのを、なんとなく感じていたくらいでした。

「給料が上がるし、これから旬の事業だよ」と言われ、入社したという理由でした。そのとき

2016年の電力全面自由化により、今までは自由化されていなかった家庭の電力も大手電力会社以外が供給できるようになり、たくさんの新電力が誕生しました。そのときに、ある会社の方に新電力事業部の立ち上げを行うからこないかと誘っていただき、楽しそうだと思い入社しました。そこでは、新電力事業部を立ち上げたばかりだったこともあり、社員が少なく、

新電力に関する一通りの仕事を学びました。営業のために全国の都市から田舎の工場まで出張することもあり、電気に関わると、どこでも仕事ができるんだと感じました。もともと旅行好きだったこともあり、出張でどこかへ行ける仕事というのがよいなと感じました。

新電力事業をやる会社が増えてきたなかで、あらゆるサービスが出てきました。そのときに感じたことが、電気は日本中まして や世界中にどこでもあるけれど、自社のサービスや供給範囲にしかサービスを届けられないのは何か物足りないなあ、さまざまなサービスがあることを知ってほしいし、辺鄙な場所の電力事情も知って、より良いサービスを届けたい、さらには小売りだけでなく発電や送配電についても、もっと詳しくなりたいと思うようになりました。そのため、会社を退職し、思い切ってフリーランスとして活動しました。そのときにキャッチーな肩書きがほしかったため「電気予報士」を名乗るようになりました。

フリー成り立てのころは、新電力が活発に営業活動を行い、新電力事業を行いたいという会社がたくさん出てきていました。そのころは、新電力事業部の立ち上げと、そこでの営業経験を活かし、地域新電力の立ち上げ支援や、他の新電力の営業支援や研修などを請け負っていました。新電力の多くは電源を持っておらず、ほとんどを「日本卸電力取引所（ＪＥＰＸ）」という卸電力市場から調達していました。当時は、電力市場価格が安価だったため、新電力も安い価格を顧客に提示し、積極的な営業ができていたのです。

そのあと、筆者の電気に対する考え方を変えるきっかけとなった出来事がすぐにきました。コロナが始まった2020年には緊急事態宣言が出されたり、営業自粛の影響で法人の休業が増え、全体的に電力需要が減りました。その年の冬には、予想以上の寒波が到来して想定以上の電力需要がありました。しかし、減った需要に対して発電に使う燃料である液化天然ガス（LNG）も輸入量を減らしていたため、想定以上の電力需要に燃料切れを起こし、発電量が追いつかず、電力市場価格が高騰するという事態が起こりました。当時は、電気を使う需要家への影響は一部でしたが、電力の発電と需要の間に入っている小売り電気事業者が大きな影響を受けました。筆者が契約していた会社も多数、電気事業を縮小、撤退、最終的には買収されてしまう会社までありました。

そのときに感じたことは、日本はエネルギー自給率が低く、輸入している化石燃料が足りなければ、簡単に電力の安定供給が脅かされるということでした。今回は、一般送配電事業者や大手電力会社の呼びかけで、老朽化した発電所をフル稼働させたり、節電要請が出されたことでなんとか電気が止まってしまうことはありませんでしたが、1カ月半ほどの期間、電力市場価格が過去にない異常価格を付けていたので影響は多大でした。さらには、筆者が稼ぎ頭にしていた新電力というビジネスも危ないと感じました。言ってしまえば、新電力は、電力市場が安い価格だったから、うまく回っていたようなビジネスモデルで、電力市場価格が高騰しない保証はどこにもなく、安く調達して利益を乗せて顧客へ売れば儲かるという仕組みは、根拠のない「安全神話」だったのです。電力の安定供給にコミットしないビジネスは、すべきではありません。追い打ちをかけるように、２０２０年の冬の異常高騰が収束したあとも、２０２１年10月ごろからロシアとウクライナの関係が不安定になり、電力市場価格がまた値上がりし始め、慢性的に今までにない高い値を付けるようになりました。これにより、２０２０年の冬の高騰後もなんとか事業を続けていた小売り電気事業者も、需要家に価格を転嫁する値上げを余儀なくされました。

読者の皆さんが、電気代が上がった理由というと、「ウクライナ戦争」というワードが頭に浮かぶと思いますが、実は、そもそもの日本のエネルギー自給率が低いことが問題です。今回は、たまたまウクライナ戦争がきっかけで発電に使うＬＮＧ価格の高騰が引き金になりましたが、過去にはオイルショック（石油危機）も経験しており、日本のエネルギーは、海外情勢によって簡単に崩れてしまうということを常に知っておかなければなりません。電力市場は、文字どおり「市場」なので、需要と供給のバランスで価格が決まります。電力市場から読み解いた一連の流れから、発電の種類や、その燃料がどこからくるのかといったことも電気代という形で私たちの生活に関わっているのだということを実感し、筆者は、発電にもより興味を持ち、電気の先駆者として詳しくなりたいと思うようになりました。

さらに、電力市場価格の一日の中でも価格変動が激しく、太陽光が発電する昼間はほぼタダで、逆に電力需要が多い夕方は高騰するという特徴があります。これには、需要と供給のバランスだけでなく、電気を送る送配電線の問題も絡んでいます。たくさんの電気を通す送電線が細ければ、供給が余っている地域から他の地域へも送ることができません。また、地域間の融通の管理や指令を出す技術も必要になります。そういった電気を送る送配電に関する費用も計算し直され、2023年4月には電気代に反映されています。

このように、電気代や電力市場価格の値動きを、少し深く理由を考えながら見ていくことで、日本の電力市場が今どういう状況なのか、これからどういう課題があり、解決していかなければならないかということが見えてきます。最初は、どこでも仕事ができるとか、ずっとなくならないからという理由で自分がビジネスとして考えていた電力が、電力需給がひっ迫するという出来事がきっかけで、電気をはじめとした日本のエネルギー構造自体に興味を持つようになりました。興味を持てたのは、筆者自身もビジネスとしていた新電力が危機を迎え、自分の生活にも影響があったからかもしれませんが、今そのようなことが読者の皆さんにも起ころうとしています。法人においては、電気代が2倍近くになった方もいれば、家庭についても1・5倍くらいにはなっている方もいます。筆者は、電気代が値上がりしたことは悪いことだと思っていません。公共インフラだからといっても、価格は安定していたほうがよいといっても、電気も究極は営利なサービスなのです。昔は、電気なんてなかったわけですし、他国では停電も日本より頻発しています。電気やガス、水道が公共インフラとされていますが、通信や音楽、動画配信サービスが生活に欠かせない方もたくさんいるのではないでしょうか。その方々にとっては、音楽や動画配信サービスも公共インフラであり、生活に欠かせないものです。サービスを供給してくれる側の原価が上がれば値上げするのは当たり前で、それを継続しなくてはならないインフラである電気事業は、なおさら継続のために持続可能な運営をしなくてはなりません。だからといって電気を使う側の私たちは、それをただ受け入れるだけではなく、周りの環境も変化し、技術も進歩していますので、対策を講じることができます。電力会社が電気代を値上げする際に、省エネや太陽光発電、蓄電池のサービスも一緒に紹介しているように、私たちの生活も日本のエネルギー構造に合わせて変えていく必要があります。日本は、エネルギーの大部分を輸入に頼っていますので、できるだけ自国内で作れるようにすること、さらには泉から水が湧き出るように使うのではなく、省エネや創エネも必要です。電気代が上がったことがきっかけで、断熱性能が高く、電力消費量が少ないスマートハウスに住んだり、太陽光発電や蓄電池を設置した方も多いでしょう。実は、そのような行動は読者の皆さんの電気代対策にとどまらず、日本のエネルギー構造を合理的にすることを促しています。「電気代が高い」という理由には、先ほどまで説明した需要と供給の話題、その裏にあるエネルギー自給率のこと、送配電線のこと、さらには発電で使用したあとに排出される温室効果ガスや放射性廃棄物、廃棄ソーラーパネルのこと、送られてきた電気を効率よく使う方法など、書き切れないくらいさまざまな要因が関わっています。この電気代が高くなったという事実をポジティブに受け止め、ぜひ読者の皆さんも本書を通じて電気の裏側に少しでも興味を持っていただけたらうれしいです。

それから、ここのところよく聞くようになった「カーボンニュートラル（脱炭素）」というワードは、日本にとっては一石二鳥の意味合いがあると思っています。世界的には、温室効果ガスを排出する石油、石炭、ＬＮＧといった化石燃料が採れるけれども、地球温暖化対策のために使わないようにしようといった意味合いです。しかし、日本にとっては、それに加えて、必然的にエネルギー自給率を上げることにつながり、より大きな問題が解決するわけです。

本書のテーマである「電気代」と「カーボンニュートラル」——。この2つのワードは、ただ流行りのワードで表面的なビジネスのネタになっているだけではありません。一枚ずつ皮をはがしていくと、エネルギーを軸とした日本や世界の仕組みがわかってきます。本書で聞き慣れないワードなどがあるかと思います。それらは、「電気代」と「カーボンニュートラル」というところに何かしらの影響をもたらしており、他のワードとも関連しています。電気は、どこにでもあり、都心部だけでなく離島や人の少ない山間部にもあります。電気は、生活にも企業活動にも欠かせないものであり、電気を知ることで他の分野のビジネスアイデアに活かされることもあるでしょう。さらに、カーボンニュートラルという言葉は、世界的に2050年までのカーボンニュートラル達成に向けた一丁目一番地のキーワードです。仕事の中でも温室効果ガスの排出状況を求められたり、対策をしながらビジネスをしなければならない環境も始まっています。それらを真剣に考えることは、私たちの今後、数十年の生活を豊かにしたり、ビジネスチャンスにもつながります。これから知っておくべきこと、専門的なことをできるだけわかりやすく説明しています。興味のある分野の理解を深めたり、周辺環境を知るためにも、ぜひ「電気代」と「カーボンニュートラル」というテーマを念頭に考えていただけたら幸いです。

2023年12月吉日

電力系ユーチューバー（電気予報士）

伊藤菜々

〈もくじ〉

第4章 GX、カーボンニュートラルを知ろう 91

第1章

電気はどうやって供給されるの？

発電、送配電、小売りの関係

電気が自宅に届けられる仕組みは？　電気はどこから運ばれてくるの？　ということを考えることはなかなかないと思います。日本は、電力会社や、その他の電気の安全を守ってくれている方々のお蔭で、災害時以外にあまり停電をすることがありません。災害時でもいち早く復旧するのが電気かと思います。電気が途切れることがなく、コンセントをつないだり、スイッチを入れれば電気が使えるので、シンプルで簡単なものと思われがちなのかなとも思います。発電所で発電された電気が使う場所（需要家）に届くまでには、実は長い道のりとたくさんの工夫と苦労が詰まっているのです。まずは、大きな枠組みで見てみます。電力会社と一重に言っても役割ごとに、発電、送配電、小売りとに分かれています（図表1-1）。

発電は、大規模な水力、火力、原子力発電所や、小規模な太陽光発電をはじめとした自然エネルギーなどが該当します。送配電とは、発電所で発電された電気を需要家まで届けることをいい、一般送配電事業者や特定送配電事業者のことをいいます。小売りは、需要家の窓口になるところで、みなし小売り電気事業者や新電力が該当します。

図表１－１　電気の流れ

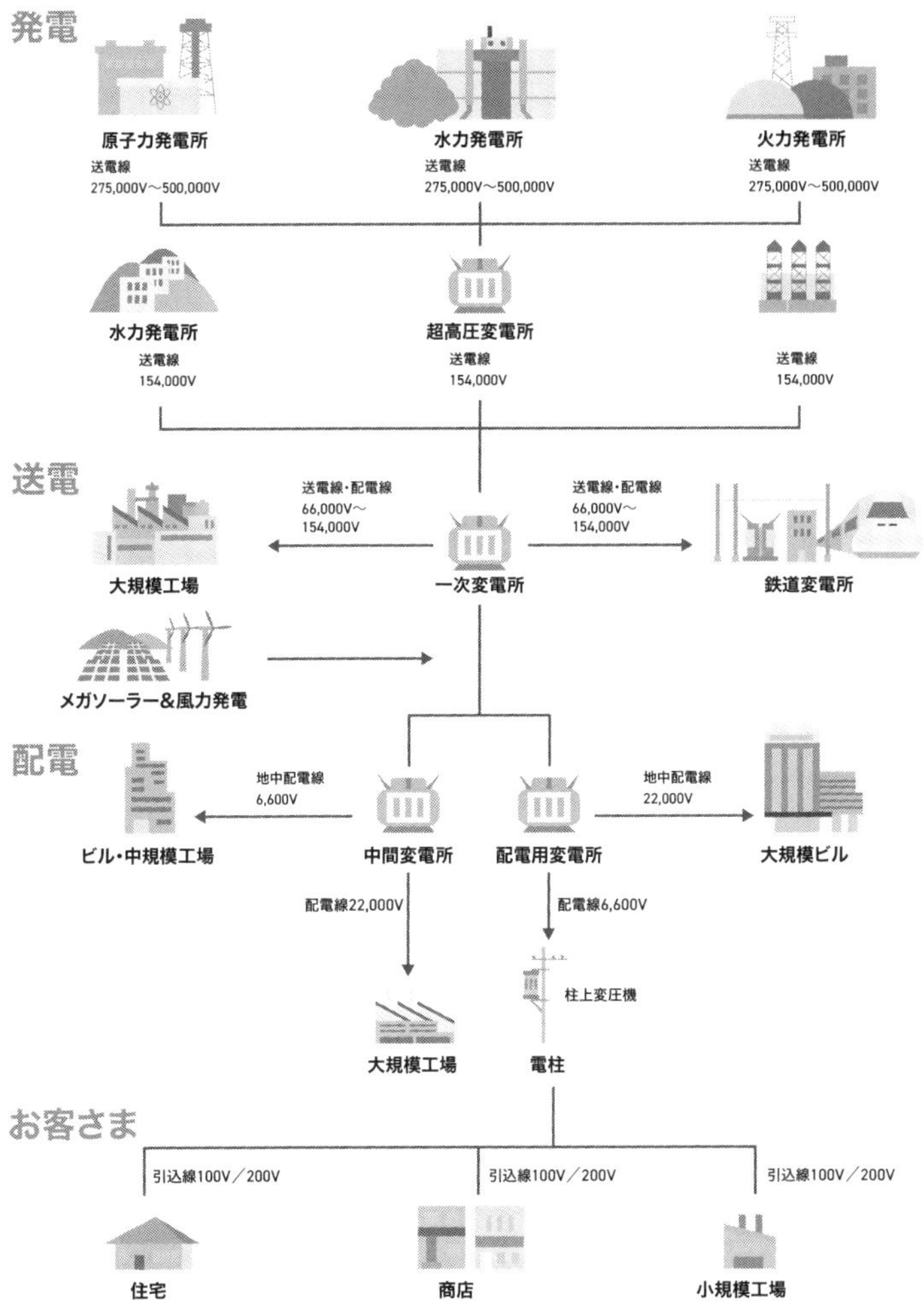

出所：東京電力パワーグリッド

キロワットとキロワット時の違い

簡単に言うと、キロワットはスペックであり電線の太さや設備の容量、キロワット時は実際の消費量です。こちらも先ほどの続きで水に例えるとわかりやすいのですが、キロワットは蛇口の太さ（電圧）×水の速さ（電流）で、キロワット時はバケツに溜まった水の量を表します。キロワットは、1時間あたりの電力消費ともいえます。例えば、ドライヤーで表してみると、消費電力が1200ワット（1・2キロワット）のものを30分使用すると0・6キロワット時使用し、1時間使用すると1・2キロワット時使用します。このように各機器で使用した電力の1カ月間の合計が月間電力量です。

電気代は、基本料金と従量料金に分かれていることが多いです。新電力の中には、基本料金がなく、従量料金のみのプランもあります。基本料金というのは、毎月、電気を使っても使わなくてもかかる料金で、契約電力×基本料金単価がかかります。建物に電力を引き込むときは、どれくらいの電力を使うか、導入している機器やコンセントの数、使用する用途や頻度を想定して、契約電力というものを決めます。契約電力は、いわば電力を通すためのインフラ代のようなものです。従量料金というのは、先ほどのドライヤーの例でもあったとおり、毎月の使用した分にかかる料金です。

家庭の契約電力が500キロワットを超えた大きな物件は、契約電力は物件を立てるときに決め打ちをしますので大きな変更がない限り固定ですが、それ以下の高圧の需要家は、契約電力は過去1年のデマンドをとる変動性になります。基本料金は、毎月かかるものなので、契約電力が低いほうが電気代は安くなります。1年間で一番電気を使う30分を「デマンド」といいますが、そのデマンドを抑えることで契約電力を落とすことができ、基本料金も安くすることができます。デマンドカットをすることは、需要家の電気代削減にもつながりますし、結果として日本全体の電力の平準化にもつながるのでよいことです。

発電の種類と役割

日本のエネルギーバランス――。昨今、ウクライナ戦争からの天然ガス価格高騰などにより電気代が高騰したというニュースも聞きます。逆に、再エネが大事という話もよく聞くと思います。エネルギーは生活に欠かせません。質も大事ですし、安定的に電気が送られてくるということも大事です。

エネルギーも大切なのは食事と同じでバランスです。体の中でもタンパク質やビタミン、糖質が果たす役割が違うように、発電の種類によって役割が変わってきます。同じ電気だから同じではないのか？　というと答えはノーです。電気は、最も考慮しないといけない要素として、貯められないという性質があります。また、温室効果ガスによる地球温暖化問題から二酸化炭素（ＣＯ２）排出量の少ないものが好ましい、ライフラインなので途切れることがないようにしないといけない、さらには需要と供給のバランスを合わせないといけないなど、いろいろな課題を乗り越えて供給できる仕組みを作る必要があります。各種電源の特徴を見てみたいと思います。

原子力発電

原子力発電は、ウランやプルトニウムの核分裂反応を活用する、温室効果ガスを排出しないベースロード電源です。基本原理は、火力発電と同じような仕組みで熱を発生させる部分だけ化石燃料を燃やすところから、核分裂で放出される熱を利用するのに置き換わった仕組みです。自然界に多く存在するウラン２３８の同位体であり核分裂を起こすウラン２３５を、中性子を当てて核分裂を起こします。ウラン２３５は、自然界には０・７％しか存在しないため、遠心分離機を使って濃縮ウランを作り、燃料棒の形にして原子炉格納容器内で核分裂反応を起こさせます。

純国産の燃料を活用するベースロード電源として、1973年のオイルショック以降に注目を浴び、一時は全体の約25％を占めるほどにもなりました。しかし、2011年に東日本大震災で起きた福島第一原子力発電所事故以降、多くの原子力発電所が今も停止しており、基準適合性審査が厳しくなったことで再稼働を待つ発電所がほとんどです。燃料に使うウランは輸入していますが、ウラン1グラムで石油2000リットルに相当するエネルギーを生み出すことができ、使用済み燃料も再利用ができることから、純国産の燃料としてエネルギー自給率の向上にも寄与します。

原子力発電の課題は、放射線を発するということです。福島第一原子力発電所事故では、核分裂で外部電源を失い、非常用電源も津波で水没してしまったため、原子炉を冷やすことができず核分裂が進み、メルトダウンを起こしてしまいました。燃料棒は、強力な放射線を発しており近づくことはできませんし、メルトダウンしたものを取り除くのは、人が近くに寄ることはできずロボットアームで行います。福島第一原子力発電所事故でも周囲に放射性物質が漏れ出し、一時周辺に避難警告が出されたこともありましたが、事故が起こった際に目に見えない放射性物質の危険があることがデメリットとなっています。その対策として、原子力規制委員会では対策を強化しており、津波のほかに竜巻や火山対策、もし津波が侵入したときでも水密扉を設けたり、非常用電源がそうしたときのために電源車を常備するなどの体制がとられています。ほかにも高レベル放射性廃棄物が出るなどの問題もありますが、そこは追って説明します。

火力発電

火力発電は、日本の発電の約7割を占める主力電源であり、需給調整も担っている大事な電源です。再エネによって需要と供給のバランスが一致しなくなってきたところの細かい調整が可能であり、需要量に合わせて出力を変動できるのがメリットです。

デメリットは、化石燃料を燃やすと温室効果ガスを排出してしまうことです。しかし、現在は、アンモニアや水素を化石燃料に混ぜることで、温室効果ガスの排出量を減らすための実証がされていたり、排出されたCO_2を回収する取り組みも進められています。老朽化した火力発電所は、発電効率が悪く、カーボンニュートラルに向けて廃止されており、供給量や調整力が足りなくなる恐れがあります。そのため、ＪＥＰＸの1日の中の価格値差が太陽光の発電する時間と夕方以降に発電しなくなり、需要が高まる時間で広がっています。さらには、現在の火力発電で使われている化石燃料はほぼすべて輸入に頼っていることも問題です。ウクライナ戦争が起きてからＬＮＧ価格が高騰したり、サウジアラビアが減産をすれば石油価格が上がったりと、海外情勢に振り回されてしまいます。まだ価格が高くても輸入できるうちはよいのですが、取り合いになって輸入ができなくなることも考えなくてはなりません。

しかし、現在、多くを占めている電源でもあるため、すぐには火力発電所を止めることはできませんので、うまく効率を上げながらカーボンニュートラル燃料にシフトしていくことが必要です。LNGのコンバインドサイクル発電では、効率が62%を上回るものもあり、調整力としても寄与しますので、まだまだ日本のエネルギーの大事な部分です。

水力発電

水力発電は、古くから日本のエネルギーを支えてきた発電方式です。河川の流れをそのまま利用する流れ込み（水路）式、調整池式・貯水池式、上部と下部に調整池を作り電力需要に合わせて汲み上げや発電を行う揚水式などがあります。水力発電は、CO_2を排出しないカーボンニュートラル電源であり、燃料もいらない自給自足の電源です。さらに、揚水発電は細かな需給調整から、再エネの余剰を吸収したり柔軟な調整ができます。

ネックなのは、1950年代まで水力発電が主力電源であった「水主火従」の時代が終わり、新規で大型の水力発電所を造ることが難しいということです。自然を切り開くことになるので生態系にも影響を及ぼしますし、河川の大規模な工事も必要になるため、今ある水力発電をうまく活用していくことになります。

自然エネルギー発電

自然エネルギー発電は、太陽光や風力、地熱、小水力はCO_2を排出せず、燃料も不要です。バイオマス（生物資源）は、燃料に木材や廃棄物を使用しており、燃料になる前にCO_2を吸収していたということで、燃焼時に差し引きゼロとして考えます。

太陽光発電は、建設コストも安価で工期も短いため、ＦＩＴ制度が始まって以降、急激に供給量が伸びました。デメリットは、晴れた日の昼間に発電し、気候によっては発電量が左右されてしまうため、この隙間を埋める調整電源が必要だということです。また、需要の少ない時期には、太陽光の発電量が需要を上回ってしまうため、出力制御がされています。風力発電に関しても同じく気候によって発電量が変動しますので、調整力が必要です。デマンドレスポンスや蓄電池の活用で、自然エネルギーの変動をうまく吸収、活用していくことが必要になります。

なお、自然エネルギーは再エネと同義語ですが、再エネにはダムなどを利用した大規模な水力が含まれます。日本では「石油代替エネルギー」や「新エネルギー」とも呼ばれています。

Column

福島第一原子力発電所の状況とALPS処理水について

福島第一原子力発電所の状況

２０２３年１月、福島第一原子力発電所の現状やALPS処理水、周辺の状況を視察に行ってきました。２０１１年３月11日に東日本大震災があったとき、福島第一原子力発電所では、地震によって発電所のすべての外部電源を失いましたが、非常用電源が動いたため、一時的には原子炉の冷却をすることができました。しかし、その後の津波により、地下にあった非常用発電機や原子炉の熱を冷やすためのポンプ設備などが水没し、燃料を冷やすことができなくなりました。

原子力発電の仕組みは、燃料の中にあるウランが核分裂を起こすときに発する高熱を利用して、水を蒸気に変えてタービンを回します。燃料の中で核分裂は続き、冷やさないで放置しておくと過剰な熱を発してしまい、燃料棒が水蒸気中にむき出しになり、燃料自体が溶けてしまいます。福島第一原子力発電所では稼働していた1〜3号機で冷却ができなくなり、燃料が過剰な熱を発してしまったため事故が起こってしまいました。

1号機と3号機では、燃料がむき出しになり、水蒸気と反応して水素が発生し爆破して、そこから放射性物質が大気に放出されてしまいました。その後、2号機でも冷却ができなくなり、1号機の爆破により空いたと思われる穴から放射性物質を大気に放出してしまいました。

また、福島第一原子力発電所事故では、燃料が過熱し高温になり過ぎて燃料自体を溶かしてしまう「メルトダウン」という現象も起こってしまいました。燃料は、棒状に敷き詰められ何本も束ねた状態で燃料格納容器

図表1－2　福島第一原子力発電所の破損した1号機の前にて

出所：筆者撮影

に格納されています。燃料は、核分裂を続けるため、人が遮蔽物なく近くによると、人体に影響があるレベルで被曝してしまいます。普段は、燃料棒が集まった燃料集合体を、放射性物質を遮ってくれる水の中を移動させますが、燃料自体が溶けてしまうとクレーンで取り除くことができません。しかし、メルトダウンした燃料（燃料デブリ）は、他の金属も巻き込み、大量の放射性物質を放出するため、廃炉を進めるには安全に取り除かなくてはなりません。約800トンあるといわれている燃料デブリを取り出すために、特殊なカメラ付きのロボットアームが開発されたりしていますが、1日に取り出せる量は数グラムだそうです。

安全に廃炉にするには、まだまだ長い道のりだということがわかると思います。今は、1日約4000人もの方が出入りをし、廃炉に向けての作業を行っています。写真（図表1–2）を撮っている場所は、1号機の原子炉建屋から80メートル離れた場所ですが、このように筆者が普段着でも立ち入ったり、作業ができるほどの放射線レベルに落ちています。とはいえ、原子炉の近くにはまだほんの短い時間しか近づくことができず、ロボットを活用したり、人にしかできない作業は交代、交代で取り組んでいるそうです。

いま話題のＡＬＰＳ処理水ってなあに？

今でも福島第一原子力発電所の燃料デブリを冷やし続けている水があります。それ以外に地下水が原子炉格納容器に浸水しており、燃料デブリに触れてしまうことで放射性物質を含んだ汚染水がつくられています。ＡＬＰＳ処理水とは、この汚染水をＡＬＰＳ（アルプス、「Advanced Liquid Processing System」の略語で多核種除去設備。図表１－３）というさまざまな放射性物質を取り除くフィルターで処理した水です。このフィルターを通しても唯一取り除けないのがトリチウムという放射性物質ですが、トリチウムは水素の同位体であり、不安定な物質のため放射能を持っています。

このトリチウムを含んだＡＬＰＳ処理水を海洋放出する計画がずっと進められており、ついに２０２３年８月に海洋放出が行われました。放射性物質と言えどもトリチウムは自然界にも存在し、海洋放出する水は、国の安全基準の40分の1、世界保健機関（ＷＨＯ）の飲料水基準の7分の1までにも薄められます。

ＡＬＰＳ処理水は1日に約１４０トン増え続けています。昔は５４０トンほど増えていましたが、地下水の侵入を防ぐ凍土壁などの対策で、汚染水の発生量を減らすことができたそうです。しかし、増え続けていることに変わりはなく、ＡＬＰＳ処理水を一時保管するためのタンクが１０６６基（２０２３年4月6日現在）もあります。このタンクを作る場所も限られており、もう既に97％を使用しているため、毎日出続けるＡＬＰＳ処理水を放出しなければならず、今回の放出に至ったわけです。

　福島第一原子力発電所の広大な敷地を移動していると、あらゆるところにタンクが置いてありＡＬＰＳ処理水が溜まっていることを知りました。実は、原発の敷地内で出た使い捨ての作業着や、ごみは放射性廃棄物という扱いになるため、原発の敷地内で焼却などの処分をする必要があります。ＡＬＰＳ処理水のタンク

図表1－3　ＡＬＰＳ

出所：筆者撮影

は既にいっぱいですが、わずかに残された土地には、他の廃棄物を処分する施設も建設する必要があります。

ＡＬＰＳ処理水の海洋放出に伴い安全性を再確認するため、福島第一原子力発電所の構内では、ヒラメやアワビの養殖も行われていました。筆者も実際にＡＬＰＳ処理水を持ってみましたが、たとえ飲んだとしても科学的に人間に害はないようです（図表１－４）。実際に放射線測定器で測ってみたところ、ＡＬＰＳ処理

図表１－４　ＡＬＰＳ処理水を持って

出所：筆者撮影

水では何も反応せず、ネット通販で売っているラドン温泉の素では反応しました。ALPS処理水は厳重管理されており、安全性が保たれているということを知ってほしいと感じました。

近隣エリア

福島第一原子力発電所の周辺には、まだ住むことができない帰還困難区域というエリアがあります。2017年5月からは、そのエリア内でも「特定復興再生拠点区域」というものが制定され、居住するために除染やインフラ整備が行われています。とは言っても、2011年に避難をしてから帰ってくる方々は少なく、人口は激減しています。

街は、当時のまま残されており、人々が慌てて避難したあとも何もできなかったことがよくわかりました。12年前に時が止まったままで、住宅もお店もそのまま残っていました。中には2011年4月にオープン予定だったケーズデンキがオープン前の綺麗な状態でそのままでありながらも解体も営業することもできないのを見て、このエリアは時が止まったままであることを実感しました。

また、津波の被害があった東北地方のエリアでは、街の建物だけでなく多数の鉄塔が崩壊し、変電所なども水没し、電力供給も止まってしまいました。津波の被害を受けたエリアも復興をし、主要な施設は建て替えられて生活ができるようになっているようですが、街ごと流されてしまったところは、更地や公園になってしまった場所もありました。先日、津波で被害を受けた宮城県石巻市を初めて訪問し、みやぎ東日本大震災津波伝承館を見てきました。そこには、当時の大震災や津波被害の展示がありましたが、過去の大震災や津波被害の文献も展示がありました。強くアピールされているメッセージとして「津波が来たら逃げろ！」というものがムービーで流れていました。日本は、地震もあり、島国でありますので、津波も過去から多かったようです。筆者が感じたことは、日本に暮らす以上、地理的条件や災害との付き合いは切っても切れないということです。今回の福島第一原子力発電所事故に限らず他のことでも、災害は起こるもので被害が出たときの対策もしておくことが大事だと感じました。過去の災害や事故を辛いものだからとなかったことにするのではなく、子々孫々まで残し伝えていくことで、事故への対策ができていくのだと思います。福島第一原子力発電所の事故の内容や復興への取り組みについては、私たちの今後の生活を災害から守ることにもつながりますので、多くの方々に知ってほしいと思います。

電気が送られる仕組み

　自宅の近くに発電所があるわけではないですが、発電所で発電された電気は、送配電会社の設備を通って需要家まで編成され安全に届けられます。

　発電所の規模によって、送り出すときの電圧が違います。使用する電気は電圧×電流で表されますが、送配電線を通るときに損失となって失われるものもあります。その損失を少なくするためには電流を小さくする必要があり、発電所に近いところでは損失を減らすために高電圧で電気を送り出します。しかし、需要家は、高電圧で電気を送られても使うことができないので（大事故になります）、使える電圧にだんだんと下げていく必要があります。水道の蛇口を想像してもらうとわかりやすいですが、電圧は蛇口の太さ、水の流れが電流のイメージです。電圧

図表1－5　送配電事業者の方々

出所：筆者撮影

の高い送電線は太く、電圧が低い家庭の需要家に近づくほど配電線は細くなります。電気が届くまでの過程では、そういった送電線や電線、それを支える鉄塔や電柱、電圧を変えたり、変成する変電所などの設備が張り巡らされており、それらの運営、維持をしているのが送配電事業者の役割です。

現在、送配電事業を行うのは一般送配電事業者であり、北海道から沖縄県まで全部で10エリアに分けられています。送配電事業者は、電気事業法で自身の供給エリアにおける託送供給（電力の安定供給）と、電力量調整供給（需要と供給のバランスを一致させること）を義務付けられており、私たちの安定供給の根幹を担ってくれています。

そのほかにも、災害時に停電したときなどに電気の復旧をしてくれているのも一般送配電事業者や協力会社です。台風などで大事な電線が断線してしまったり、電柱が倒れてしまうことがあると復旧に少し時間がかかることもありますが、そのようなときは、エリアを越境して送配電事業者が復旧応援に行くこともあります。送配電会社で働く方に話を聞くと、雪や台風の災害で停電した際は1週間ほど現場で復旧作業をすることもあり、1日に1時間しか睡眠時間をとらずに復旧にあたることもあるようです。高いところや天候状況の悪く足場も悪いなか、電気をいち早く届けようと復旧作業を行っています。私たちが不便なく電気を使えるのは、このような方々のお蔭なんだなあと感謝の気持ちでいっぱいになりました。

電気の調達方法

発電されて物理的に需要家のもとに運ばれてきた電気は、電力使用量を把握して料金計算をしたり、管理をしないといけません。需要家と直接契約をし、電気代の請求や、お問い合わせサービスなどを行うのが小売り電気事業者です。2016年に電力全面自由化が始まってから増え続け、2023年4月現在は700社を超えています。「新電力」といわれるもので、携帯電話会社やガス会社なども運営しています。

小売り電気事業者は、自社の全需要家の電力使用量に合わせて調達を行います。発電所を持たない会社がほとんどですので、電力の売り手と買い手が取引をする日本卸電力取引所、通称「JEPX」という市場からメインに電気を調達します。そのほかに発電所との相対契約や自家発電がある場合もあります。JEPXの価格は毎日、エリアごとに、30分ごとに変わります。図表1-6と図表1-7のグラフを比較してみてください。一方は、2023年4月20日の価格の推移です。春の時期でエアコン需要が少なく太陽光も発電しているため、昼間の価格はシステムプライス（全国平均）で最低0・01円を付け、最高価格も14・34円、24時間平均価格は7・40円と安いです。もう一方は、2021年1月13日の価格の推移です。こちらは、過去最高値を付けたともいわれる約2カ月間でした。コロナにより経済が停滞したことで電力需要

図表1－6　ＪＥＰＸ価格の推移(２０２３年4月20日)

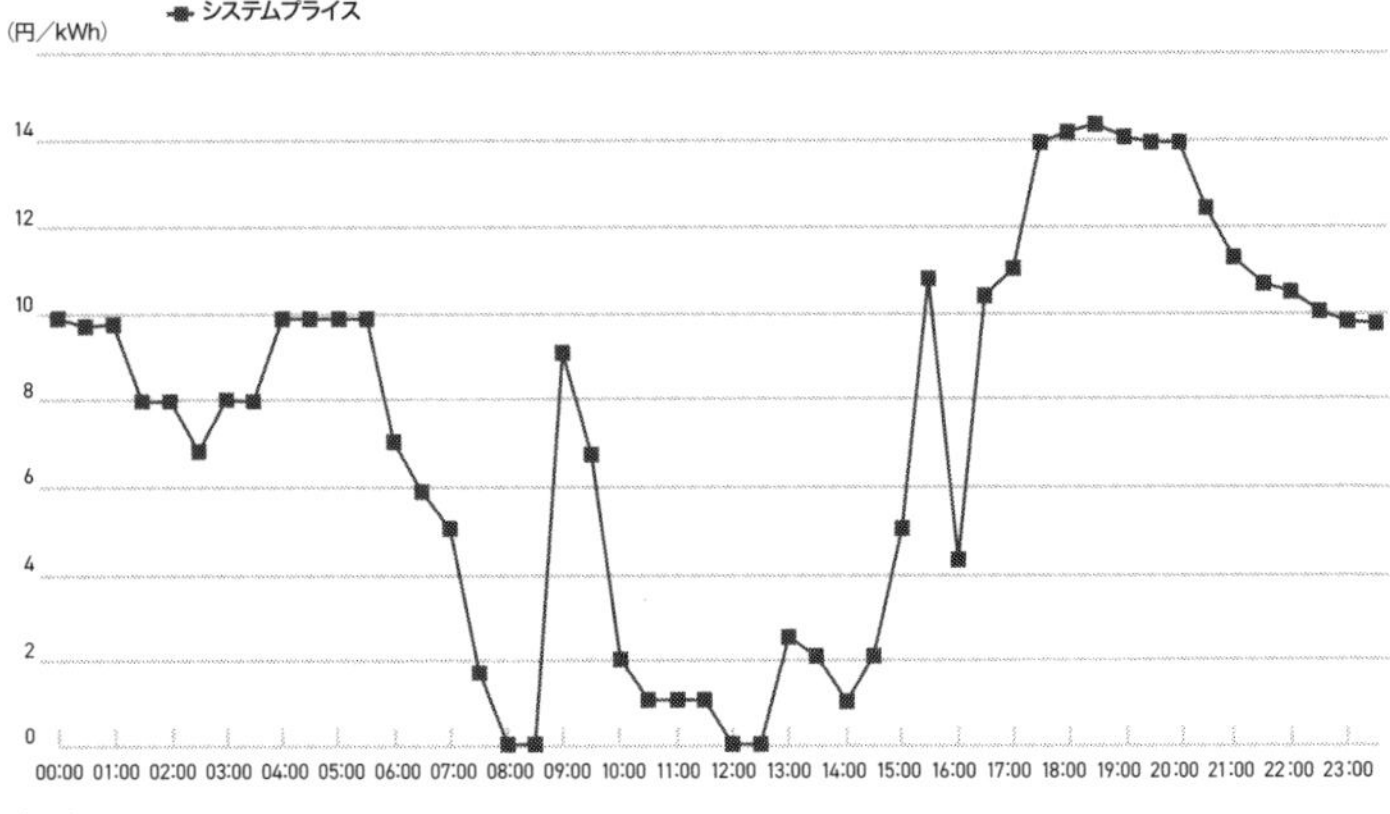

出所：ＪＥＰＸ

図表1－7　ＪＥＰＸ価格の推移(２０２１年1月13日)

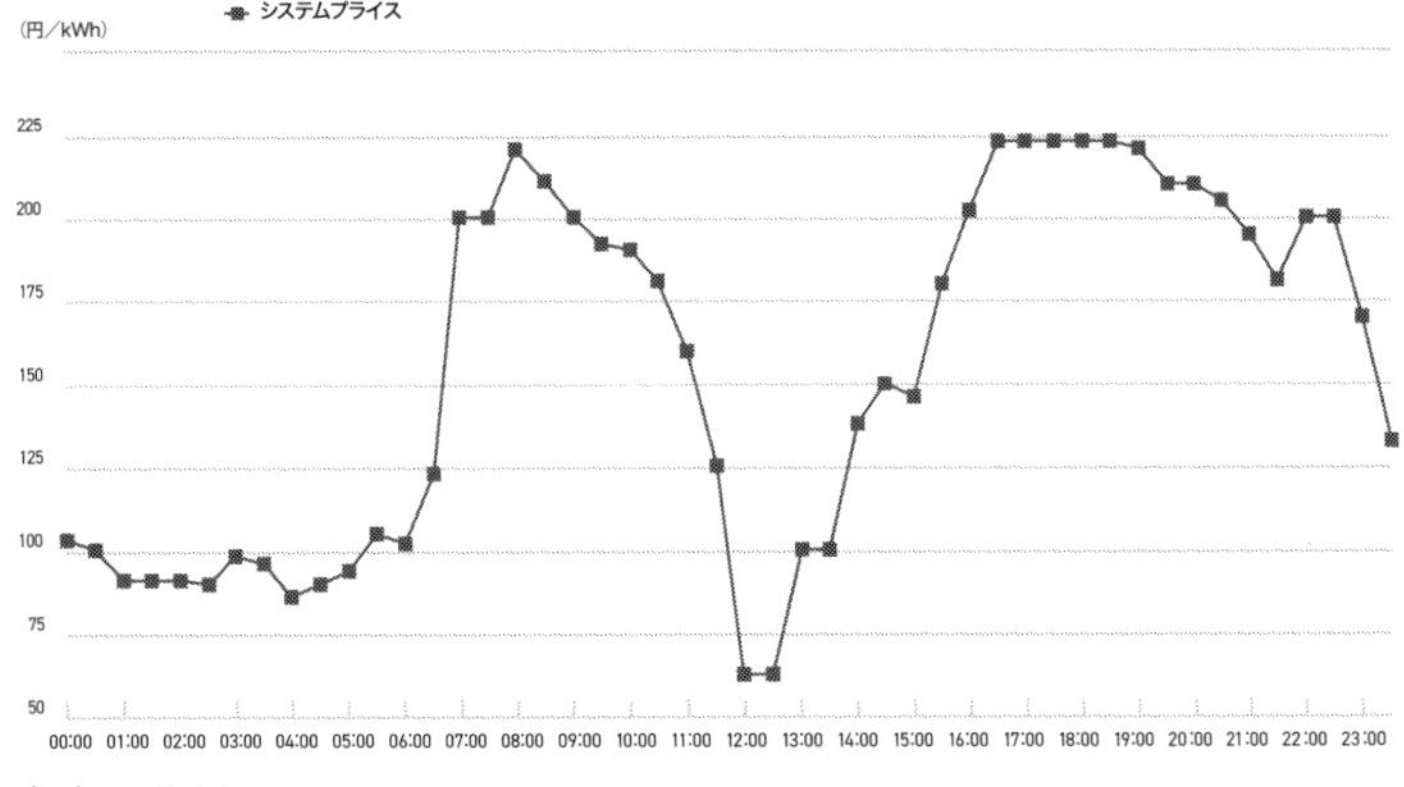

出所：ＪＥＰＸ

も低下しており、それに合わせてＬＮＧの調達が少なくなっていたことに加え、冬の時期で過去最強の寒波が訪れ、エアコン需要が増えたことで発電量が圧倒的に足りなくなりました。夕方の需要が多い時間帯のシステムプライスは、最高価格２２２・30円を付け、24時間の平均価格は１５４・57円と過去異例の高値を付けました。

このとおり、ＪＥＰＸ価格は変動が激しく、価格の予想も難しくほぼ不可能です。小売り電気事業者は、それでも需要家に対して電気をあらかじめ決めてある料金プラン価格で供給しないといけません。ですから、ＪＥＰＸの比率を下げて固定価格の相対電源を契約しておく、自社で発電所を持つなどの対策が必要になります。そのほかの価格ヘッジ手段として、詳しくは次で述べますが、電力先物の活用もあります。

また、価格ヘッジの面以外にも、２０５０年カーボンニュートラルという一丁目一番地のテーマが提示されたため、再エネや非化石エネルギーの調達比率を上げるということも、小売り電気事業者の大事な課題となりました。

ここ最近では、再エネを電源に組み込む電力会社も増えてきました。需要家によっては、２０５０年カーボンニュートラルに向けて再エネ比率を上げていきたいため、再エネプランを活用したり、独自で再エネを設置したり、ＰＰＡ契約をする場合があります。再エネを調達したり、CO_2の排出係数を減らす方法を見ていきます。

ＦＩＴ電源の組み入れ

小売り電気事業者が再エネ電源を一番調達しやすい方法としては、ＦＩＴ再エネ電源と直接合意をし、本来の買い取り手である一般送配電事業者と特定卸契約をして調達する方法です。ＦＩＴ電源は、固定価格買取制度を適用して運用されている再エネですので、発電事業者は、認定時に決められた固定価格で売電を行います。ＦＩＴ価格は40円など高いものとされていますので、特定卸契約を結んだ買い手は通常であれば、仕入れられるであろう価格であるＪＥＰＸ価格で買い取りをすることになります。この特定卸契約を結んでいる人が支払うＪＥＰＸ価格のことを「回避可能費用」といいます。

この場合、小売り電気事業者は、電源構成比率にＦＩＴ再エネ電源として書くことができます。しかし、ＦＩＴ電源を調達するだけでは再エネ１００％電源と認められませんので、ＲＥ１００（「Renewable Energy 100%」の略語で、事業活動で消費するエネルギーを、１００％再エネで調達することを目標とする国際的イニシアチブ）などの報告には使えません。ＦＩＴ電源の発電に対して払われる対価である買取費用は、再エネ賦課金として国民の電気代にのっており、再エネ価値は国民のものとされています。ＦＩＴ電源は電力の価値と再エネ価値が分離され、再エネ価値は非化石証書となって販売されています。ＦＩＴ再エネの調達を合わせて紐づけがされた非化石証書を購入することで初めて再エネ電源を調達したことになります。

Column 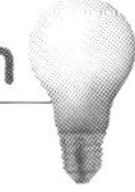

再エネ賦課金

再エネ賦課金とは、2012年に始まった制度で、FIT再エネの買取価格を捻出するために電気を使う利用者から徴収される金額です。再エネ賦課金の算出方法は、FIT電源の買取費用の総額と事務手数料を足したものから、回避可能費用を差し引いたものを、その年度の総電力使用量で割ったものが、次年度の再エネ賦課金として使用量に対して課金されます。再エネ賦課金は、毎年5月に更新されます。FIT再エネの総買取費用は、再エネ賦課金制度が始まった2012年から毎年上がっており、2022年度は3・45円でしたが、2023年度は初めて値下がりして1・40円になりました。これは、なぜかというと、総買取費用は増えているものの、特定卸契約をしている小売り電気事業者が支払う回避可能費用（JEPX価格）が高かったため、再エネ賦課金として国民で按分する金額が減ったからです。買取費用は、実際にFIT発電所の発電された電気に対して支払われます。大型のFIT発電所は、買取期間が20年間ですのでまだまだ続くことと、認定をされてから工事期間の発電所もまだあるため、買取費用はまだ増えていくと予想されます。

２０２３年度は、回避可能費用であるＪＥＰＸ価格が高かったため、再エネ賦課金が初めて値下がりしましたが、２０２４年度は、現在のところＪＥＰＸが安価な推移をしているため、再び再エネ賦課金が値上がりすると思われます。

非ＦＩＴ電源

非ＦＩＴ電源の調達価格は契約で決めますので、ＪＥＰＸ連動ではありません。また、非ＦＩＴ再エネは、発電事業者に再エネ価値が帰属していますので、電気と再エネ価値がセットになって調達ができます。そのため、小売り電気事業者は、価格変動リスクを負わずに再エネを調達できるというメリットがあります。もともとＦＩＴ制度を活用していないものや、「卒ＦＩＴ」といい固定価格の買取期間が終了したものがあります。

前者では、小売り電気事業者が調達するものとしては地域の廃棄物発電や公営の水力発電などがあり、発電事業者と直接交渉して契約をします。地域内で再エネを循環させるなどの指針を持った自治体新電力が、自治体内の物件に再エネを供給する目的で相対契約を結ぶケースがあります。後者の卒ＦＩＴは、住宅用の太陽光発電が２０１９年11月以降に10年間の買取期間を終えた案件が随時出てきています。卒ＦＩＴの電源は、基本的には自家消費をし、使い切れないものは各エリアの大手電力会社に買い取ってもらうことになりますが、ＦＩＴが適用されませんので、８円前後まで買取価格が落ちます。新電力では、それよりも少し上乗せした金額で卒ＦＩＴの買い取りを行っていることが多く、住宅用の余った電源なので微小ではありますが、固定価格で再エネが調達できるため、積極的に買い取りを行っている事業者が多いです。

オフサイトＰＰＡ

ＰＰＡ（Power Purchase Agreement）とは、直訳すると「電力購入契約」ですが、日本でＰＰＡというと需要家でない第三者が所有している再エネ発電所の電力を購入する意味合いで使うことが多いです。オフサイトＰＰＡとは、需要場所と離れた場所にある再エネ電源と契約を結び、長期間にわたり固定価格で調達することをいいます。実際には、発電された電気は系統線を通り、一度ＪＥＰＸに流れてしまいますが、契約を結んでいますので、発電された電力と同じ分を購入していることになります。太陽光発電の場合は、昼間しか発電しないですし、天候によっては発電しないので、足りない電力は別で調達する必要があります。また、発電量や需要量が予測と変わることもありますので、その調整役が必要になります。それらの業務や計画提出、インバランス（計画と実績の差異）精算を行う必要がありますので、オフサイトＰ

ＰＡ契約を締結する場合は、必ず小売り電気事業者が間に入ります。

発電事業者としては、再エネを今後作りたくても高圧のＦＩＴを適用するには入札になってしまううえに、買取価格も10円を下回るようになりました。そうなれば、ＦＩＴを適用するよりも固定価格で長期間買い取ってくれる人がいれば再エネを作りやすいです。需要家としては、カーボンニュートラル目標に従って再エネを長期で調達したいというニーズがあり、お互いの価格や条件の交渉が合えば、新規の再エネをうまく活用していくことができます。

筆者が見学に行ったアグリガスコムの営農型ソーラーは、同じ愛知県内の需要家とＰＰＡ契約を締結し、長期間再エネを固定価格で卸す契約をしていました。買い手が見つかることで、太陽光発電所の建設も進めることができ、さらにソーラーシェアリングの発電所を増やすことで、地域の耕作放棄地を有効活用する取り組みにもなるとのことでした（図表1-8）。ソーラーシェアリングとは、太陽光パネルの下で農業を営む取り組みですが、上にパネルがあっても育てるものを選定すれば、しっかり日射量を確保できるので、おいしい作物が育つそうです（図表1-9）。アグリガスコムでは、農業の担い手の方も採用を増やしており、地域の雇用を増やすことにもつながっているとのことでした。再エネを調達することが地域課題を解決することにもなるとは、とても良い循環だと感じました。

図表1－8　アグリガスコムの営農型ソーラー

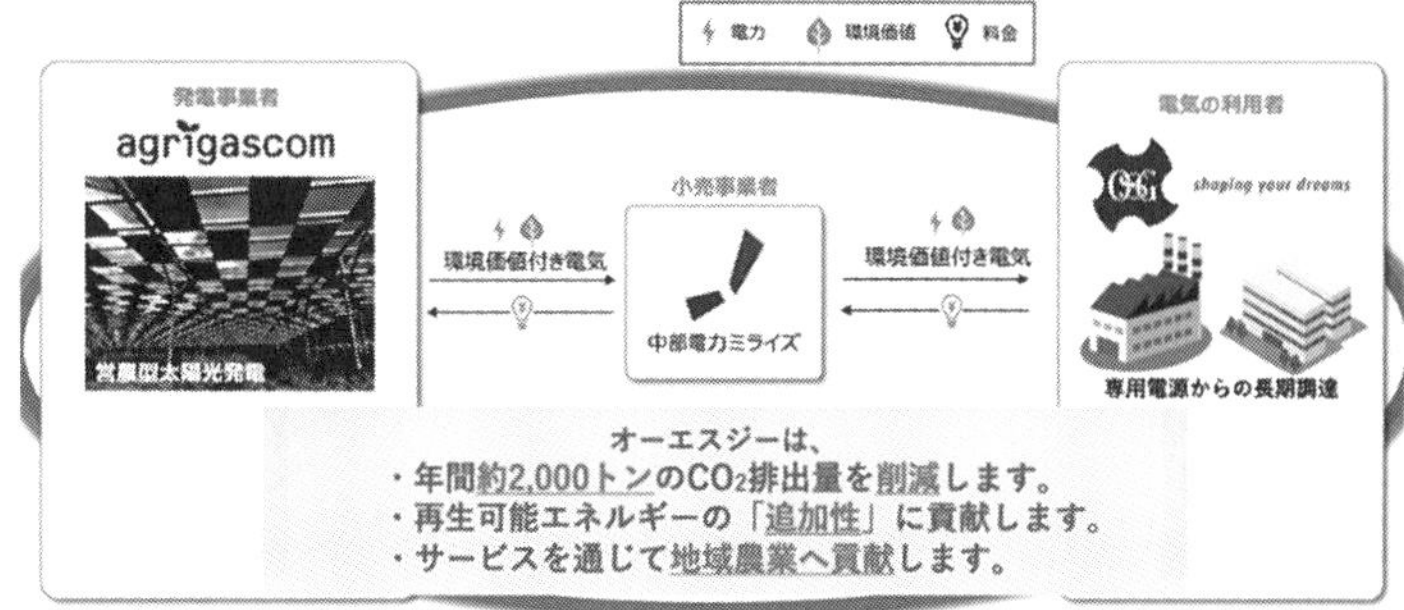

出所：中部電力ミライズ

図表1－9　ソーラーシェアリングの前で栽培されたニラを持って

出所：筆者撮影

自己託送

自己託送とは、オフサイトＰＰＡに少し似たものですが、離れた場所に電力を送るときの契約形態が違います。自己託送では、発電所の所有者と遠隔地の電力使用者が自社であるか、もしくはグループ会社などの関係の深いもの同士であることが必要です。もしくは発電事業者と需要家とで「組合」というグループをつくることでも可能です。自己託送の場合は、送電する仕組みがオフサイトＰＰＡと違い、一般送配電事業者の系統線を活用し、ＪＥＰＸを介さず直接発電所から需要場所へ電力を送る仕組みになります。そのため、間に小売り電気事業者が入る必要はありませんが、発電計画や需要計画、インバランス精算は、当事者が行う必要があります。自己託送制度を使えば、自社内の再エネを有効活用でき、自社内の電気代やCO_2排出量を下げることができます。また、小売り電気事業者を介すオフサイトＰＰＡとの大きな違いは、再エネ賦課金がかからないということです。離れた場所にあっても系統線を使う自家消費のように見なされるため、再エネ賦課金がかからず経済メリットが増します。

環境価値

ここまで、再エネ発電所と契約をして調達する方法を紹介してきましたが、なかなか引き合いがないとか、再エネを調達したけれども思うように発電量が出ず足りなかった場合などは、証書を購入して温室効果ガスの排出係数を減らすこともできます。ボランタリーなものもありますが、公式に使える証書は、グリーン電力証書、J-クレジット、非化石証書の3種類があり、その中でも用途によって分かれている場合があります。発行元や価格の違いがあり、一番発行量と流通量が多いのは非化石証書で、価格も他の2つよりも安価です。ただし、非化石証書は持ち越しができないため、その年度に使い切らないといけないなど、用途の部分では、他の証書のほうが使い勝手が良かったりもするので、特徴を比較するとよいでしょう（図表1-10）。

図表1－10　環境価値の証書の種類と概要

証書種類	概要	発行元	対象になるエネルギー	使い道
グリーン電力証書	太陽光発電や風力発電などの再生可能エネルギーによって発電された電気（グリーン電力）の環境価値を証券化	グリーン電力証書発行事業者	太陽光、風力、水力、地熱、バイオエネルギー	温対法、CDP、SBT（GHGプロトコル準拠）、RE100、CSR活動
Jクレジット（省エネ）	太陽光発電や省エネ機器の導入などによる CO_2（二酸化炭素）の削減量を「J-クレジット」として国が認可	経産省、環境省、農林水産省経産省	太陽光、風力、水力、地熱、バイオエネルギー	省エネ法、温対法（排出係数調整）、CSR活動
Jクレジット（再エネ）				温対法、CDP、SBT（GHGプロトコル準拠）、RE100、CSR活動
非化石証書（FIT）	石油や石炭を使用しない「非化石電源」からつくられた電気であることを証明する証書	経産省	太陽光、風力、水力、地熱、バイオエネルギー	温対法、CDP、SBT（GHGプロトコル準拠）、RE100（トラッキングのみ）、CSR活動、
非化石証書（非FIT再エネ）			太陽光、風力、水力、地熱、バイオエネルギー	温対法、CDP、SBT（GHGプロトコル準拠）、RE100（トラッキングのみ）、CSR活動
非化石証書（非FIT指定なし）			太陽光、風力、水力、地熱、バイオエネルギー、原子力	温対法、高度化法対応、CSR活動

出所：筆者作成

電力先物

電力先物とは、将来に購入する電気の価格を今決める仕組みであり、東京商品取引所、通称「ＴＯＣＯＭ（トコム）」に上場している金融商品です。先物は、もともと米国で生まれたもので、今年の穀物が不作だった場合に農家が損をしないように、あらかじめ売り値を決めておくというものでした。そこから派生して、穀物のほかに原油をはじめとした石油製品、ＬＮＧ、金、銀、プラチナなどの貴金属もラインナップとして揃えられています。市場も日本だけでなく、米国や英国ロンドンなど海外市場ごとに商品が上場されており、上場されている商品も多少異なってきます。先物は値動きが激しく、先物取引の売買をすることで利益を上げるトレーダーもいますが、本来の先物の起源となった使い方は、将来に行う実取引の価格を現在に固定し、将来の不確実な価格変動による損失を防ぐものです。

電力先物も実取引に伴う価格ヘッジの意味合いで取引されています。電力先物は、２０１９年９月に試験上場され、２０２２年１月に経済産業省から正式認可され上場されました。試験上場のころから、法人であり証券会社に口座開設をすれば取引することはできましたが、取引量は少なく実際に電力先物をヘッジ手段として使う電気事業者はごくわずかでした。

しかし、電力先物の必要さを再認識させる出来事が起こりました。２０２０年12月後半～

２０２１年1月にＪＥＰＸ価格が過去例のない価格にまで高騰しました。それにより新電力は調達価格が高騰し、経営難に陥ったり、事業撤退をしたり、さらには倒産する会社も多数現れました。当時、約７００社の新電力がありましたが、事業停止や倒産した会社は２０２２年11月末時点で１４６社にも上りました。これは過去異例であり、価格の予想できない電力という商品を扱うことの難しさや、価格をヘッジすることの大切さを突きつけられました。ちょうど２０２０年の11月までは、前述したとおりＪＥＰＸ価格が安かったこともあり、価格ヘッジをしていた会社はほとんどありませんでした。撤退までいかないにしても、大きな赤字を計上して多大なるダメージをこうむった会社がほとんどです。

その後も電気代の高止まりは続きました。小売り電気事業者は、今までＪＥＰＸの価格ヘッジを、相対電源を調達することで行っていましたが、電源が常に足りない、またはぎりぎりの状態が続いたため、満足いくヘッジをできるほどの相対電源を調達することが不可能でした。そこで活用できるものが電力先物です。

電力先物は、現物が伴わない商品です。先物には2種類あり、現物取引が伴うものと伴わないものがあります。先物とは、将来の取引の価格を現在決める取引です。つまり、指定した期間のあとに取引が行われる前提となります。

通常は、１カ月ごとに取引される商品が刻まれており、近くて１カ月先のものから長くて１

年半先のものまでラインナップがあります。現物取引が伴うものとは、例えば、6カ月先の原油先物を買った際に、その価格で6カ月後に本当に先物を購入した分だけ原油の実物の受け渡しがある取引をいいます。逆に、現物取引が伴わない取引とは、現物の受け渡しはなく、購入したときの金額と6カ月後の最終取引日の価格の差額で損益の精算が行われる取引です。つまり、価格が上がっていれば利益が受け取れ、下がっていれば損失となります。

電力先物は、現物が伴わない差金決済取引です。そして、最終決済日の価格は完全にJEPXに一致することになっていますので、JEPXから調達する分の電力価格をヘッジすることができます。例えば、半年先の購入する電力取引をヘッジしたい場合、6カ月先の電力先物商品を買います。先物は、価格が常に変動していますが、現在の価格で購入すれば価格を固定することができます。JEPXと電力先物は完全に別の取引になります。JEPX価格は、半年前に想定していた価格よりも値上がりしていますので、想定より多くのお金が必要になりますが、電力先物も買ったときより値上がりしているため利益が出せるので、先物の価格で実質購入できることになるわけです。

電力先物の活用方法

TOCOMの電力先物は、月単位で2年先の商品まで取引することができます。ドイツ取引所グループの「欧州エネルギー取引所（EEX）」に上場されている日本の電力先物は、よりラインナップが多く週間物から月、四半期、シーズン、年間の商品までが取引できます。また、電力先物は法人が取引をすることができます。小売り電気事業者や電力をたくさん使う高圧・特別高圧の需要家も、うまく活用することで、JEPX価格の高騰や取引先の信用リスクをヘッジすることができます。

ヘッジできるリスクは大きく2つあります。ひとつは価格変動、もうひとつは相対取引の信用リスクです。

まず、価格変動リスクをヘッジする方法を見てみましょう。2023年6月に同年12月に調達する電力をヘッジするとしましょう。A社は、JEPXのスポット市場で電力調達を行っているとします。同月にJEPXのスポット市場で東京エリアにおいて24時間ベースの電力を100キロワット調達する必要があるとします。JEPXのスポット市場が同月にいくらになるかは現時点ではわからないため、この時点では、いくら必要か計画が立てられません。そこで利用するのがTOCOMの電力先物です。TOCOMの先物市場で取引を行い、あらかじめ価格を固定することで、A社は販売計画などが立てられるようになります。

２０２３年6月現在、ＴＯＣＯＭの電力先物市場の東エリア・ベースロード同年12月の価格は1キロワット時あたり17円近辺で推移しています。A社は、現時点の先物価格17円で最低単位の1枚である１００キロワット、月間にして7万４４００キロワット時の電力を買うという取引をします。時間が経過して同年12月になり、ＪＥＰＸ価格が厳冬により高騰したとします。ここでは、２０２２年12月の月間平均価格は1キロワット時あたり26・12円だったので、計算の便宜上26円まで上昇したとします。このとき、電力先物を使ったヘッジ取引を行うことはなく、ただＪＥＰＸで調達したのであれば、26円で調達を行わなければなりません。一方、先物取引でヘッジを行っていた場合は、26円でＪＥＰＸから調達を行うことのほかに、先に17円で買った先物取引について決済を行うことになります。ＴＯＣＯＭの先物市場は、ＪＥＰＸの月間平均価格を対象にしていますので、最終決済日にはＪＥＰＸの月間平均価格に落ち着きます。ＪＥＰＸが２０２３年12月に26円になっているのであれば、最終的に先物取引を決済する価格は26円となります。先物取引については17円で買っていたものを26円で転売（手じまい）することになりますので9円の利益が出ます。26円のＪＥＰＸでの調達費用と、9円の先物から得られた利益を合わせ、当初予定していた17円での調達ができたことになります。

ここでは、簡単に説明するために最低取引単位で説明をしていますが、実際に活用する場合には、自社の電力調達量やロードカーブ（日負荷曲線）を把握し、どのくらいの価格変動リスクがあるかを見極めることが大事です。

また、先物のポジション（建玉。信用取引などの未決済の契約総数）を所有している期間は、証拠金というものが必要になり、取引の信用を保つための最低資金というイメージです。実際にはレバレッジ（証拠金に対してより大きな額で運用できること。「テコの原理」になぞらえられます）を効かせるため、この資金の数倍の取引をします。価格変動が激しくなったときや、先物価格が上がったときには、必要証拠金額が変動することもあるので注意が必要です。必要証拠金額は、毎週変更され、日本証券クリアリング機構（ＪＳＣＣ）のホームページでも確認ができますが、口座開設をしている証券会社に聞いてみるのがよいでしょう。

さらに値動きをヘッジする方法として、電力先物と連動しやすいＬＮＧ先物を活用する方法もあります。日本の電力は、火力発電の比率が多く、ＬＮＧは火力発電の燃料として使われており、発電事業者は、ＬＮＧの調達価格を基にＪＥＰＸへ電力を卸します。そのため、ＬＮＧ価格は、ＪＥＰＸに大きく影響を与えます。ＬＮＧを使った発電には、燃料価格以外にも発電所の運営費など固定費がかかりますが、変動費である燃料費がわかれば、発電される電力の理論価格もわかります。ＬＮＧ先物が電力先物対して割安の場合には、電力先物の代わりにＬＮＧ先物を買うことでヘッジができることもあります。

さらに、需要用のヘッジではなく、先物取引内で売買を行い、利益を出すようなトレードを行う際も、LNG先物と電力先物の関係は役に立ちます。LNG先物価格から見て電力先物が高い場合は電力先物を売り、LNGを先物取引で買うことで、最終的には理論価格に収束していくという習性から利益を得ることができます。ただし、先物は、マーケットなのであくまで理論価格に収束しやすいのですが、マーケットが過熱したときは、それと違った激しい値動きも起こり得るので十分に注意が必要です。

LNG価格の変動要因は、欧州の気候や生産地国の情勢によります。ウクライナ戦争が起こった際はLNGが値上がりしました。ほかにも欧州で寒波が到来して需要が上がるとLNG価格も上がりやすいとのことです。

次に、相対取引の信用リスクヘッジについて見てみましょう。

のちほど詳しく説明しますが、電力先物には「立会外取引」というものがあります。取引所で提供しているプラットフォームを介さずに直接企業間でやり取りをしたうえで成立した取引や、類似のプラットフォームで成り立った取引を、立会外取引を介して当該契約や取引を取引所取引に転換することで、クリアリング（清算）をかけることができます。取引所取引に転換された取引については、JSCCのようなクリアリングハウス（清算機関）で清算します。クリアリングハウスがすべての取引のカウンターパーティー（取引の債権債務の相手方）となり、取引の履行と決済が保証されるため、取引相手の信用リスクから解放されます。新電力の中には、規模が小さく、相対取引をしたくても与信の問題で取引が行えないこともありますが、TOCOMの立会外取引を介せば、取引が可能となります。TOCOMでの取引には、取引当事者間の信用リスクのヘッジ機能という役割もあります。

立会外取引

TOCOMの電力先物は、現状では投機的な取引よりも実需要用がある前提での取引が多いため、立会外取引が多いです。立会外取引とは、取引所の板という誰もが見られる取引をしたい人の買いの数、売りの数を見られる場で取引を成立させるのではなく、双方が合意した価格と数量を取引所に申告し、取引を成立させることで先物取引のポジションを保有できる制度のことです。立会取引によらずに取引を成立させることができるので、大口取引を行った場合に自らの売買行動によって生じる価格変動のようなマーケットインパクトを回避しながら、全量を同一値段で成立させることが可能です。為替のように取引量が莫大であれば、1者の取引で大きな価格変動を起こすことはありませんが、電力先物はまだ取引量がそんなに多くないため、大口取引をすると価格変動を起こしてしまう恐れがあるため、立会外取引を活用すれば、その心配もありません。
また、立会外取引を利用することにより、上場している商品を組み合わせで、取引単位や期間が異なる大口の取引や月物以外の長期間の取引なども柔軟に行うことが可能になります。例えば、東エリア・ベースロードを当年12月～翌年2月まで各月1000キロワット時（10枚）ずつ買いたい場合なども、同一価格で約定させることができます。実需要とリンクさせるニーズが多い電力だからこその便利な仕組みです。

Column

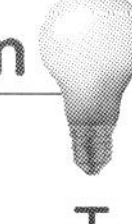

TOCOMとしてのカーボンニュートラル

TOCOM代表取締役社長の石崎隆さんにお話を聞いてみました。

筆者　電力先物市場の必要性については?

石崎社長　第6次エネルギー基本計画に「先物市場の活用」という項目が盛り込まれましたが、先物市場の活用が閣議決定されたというのは、商品先物の歴史では初めてのことです。取引量、参加者数ともに、2019年9月の上場以来、右肩上がりに増加しているように、実際の数字からも電力先物市場の必要性が見受けられます。

筆者　電力先物市場のビジョンと今後の展開については？

石崎社長　取引量は毎年着実に増えていますが、先物市場の取引量（キロワット時換算）は日本の総発電量の1％に満たなく、伸びしろは十分にあります。これから先は、既存の市場利用者の取引量を引き上げること、また、最終需要家にも活用いただくなど、すそ野を拡大する必要があります。燃料価格の上昇を受けて、電力会社は、需要家に対して市場連動型の料金プランを提案するようになり、一部の最終需要家では、既に先物取引の利用を開始しています。今後は、最終需要家にも先物取引を通じたヘッジの仕組みをご理解いただけるように努めていきます。

図表1－11　ＴＯＣＯＭの石崎社長はカーボンニュートラルにも前向き

出所：筆者撮影

筆者　カーボンクレジット市場と、取引所としてのカーボンニュートラルについて教えてください。

石崎社長　日本取引所（ＪＰＸ）グループのＴＯＣＯＭでは、２０２２年度に経済産業省から委託を受けて実施したカーボンクレジット市場の実証事業の知見を踏まえて、市場開設の準備を進めているところです。関係各位のご意見なども踏まえつつ、２０２３年10月にＪ－クレジットを対象にカーボンクレジット市場の創設を行っています。カーボンクレジット市場の機能を高めることがカーボンニュートラル実現に向けた、取引所ならではの貢献策であるという認識のもと、市場参加者や関係者の皆様と連携しつつ、ＪＰＸがこれまで蓄積してきた市場運営の知見を活かして、準備を進めてまいりたい所存です（図表１－11）。

容量市場

先ほどまででも出てきたＪＥＰＸとは、電力量（キロワット時）を取引するものでしたが、容量市場とは、将来の供給力（キロワット）を取引する市場です。将来の供給力とは、具体的には４年後の発電所を確保するという意味で、発電所がいつでも稼働できる状態を保つためのお金をやり取りする市場ということです。

今までは、需要に合わせて発電を行う火力がメインとなってきましたので、需要に合わせた発電計画が立てられ、発電された電力を販売するだけでも収支が保て、発電所の運営を維持することができていました。しかし、天候により変動する再エネが出てきたことで、太陽光の発電する時間帯など電力が余っている時間には、それらが市場に売りに出されることで市場価格が低下しました。市場は、シングルプライスオークション（均一価格決済）なので、その時間に電気を売りたいすべての電源がつられて価格が低下します。0・01円といったほぼ無料の価格で取引されていることも少なくないため、燃料費や発電所の稼働にそれなりのお金のかかる火力発電所には運営が厳しくなります。

こうなると悪循環が起こります。再エネの変動を吸収するために細やかな調整ができる火力発電所の運営が厳しくなり稼働を止めてしまうと、再エネの出力変動を吸収できずに周波数が乱れてしまうため、再エネを増やすことも難しくなります。そうなると、カーボンニュートラルの実現のために再エネを増やしていたものが本末転倒になり、かつ火力発電は停止していくことで再エネはさらに増やすことが困難になります。

そのため、調整力として必要な火力発電所が継続できるように容量市場ができました。容量市場では、発電所が稼働していなくても、あること自体に容量拠出金というお金が支払われます。そのお金の大半は小売り電気事業者が負担をします。

小売り電気事業者の容量拠出金は、夏と冬のエリアで最も電気が使われている3日間のピーク時に、需要家がどれくらい電気を使っているかで決まります。この3日間のピーク時で使用している電力量の割合によって、小売り電気事業者間で按分されます。エリアで最も電力が使われているということは、普段は稼働させなくてもよい火力発電所も稼働させているということです。つまり、このときのために発電所を維持する必要があります。このピーク需要を節電などのデマンドレスポンス（DR）をして減らせば、維持しなくてはならない発電所容量（キロワット）を減らすこともできます。小売り電気事業者としては、容量拠出金を減らしたいため、エリアのピーク需要を避けるように、需要家にピークシフトを促すでしょう。容量拠出金は、小売り電気事業者が負担しますが、需要家に転嫁するものと思われます。需要家としても電気料金が安いほうがよいので、DR指令をうまく出せたり、需要家がDRできるサービスを展開することで容量市場をうまく乗り切れる小売り電気事業者が生き残っていくでしょう。

図表１－12　商品の種類と要件

	一次調整力	二次調整力①	二次調整力②	三次調整力①	三次調整力②	
英呼称	Frequency Containment Reserve (FCR)	Synchronized Frequency Restoration Reserve (S-FRR)	Frequency Restoration Reserve (FRR)	Replacement Reserve (RR)	Replacement Reserve-for FIT (RR-FIT)	
指令・制御	オフライン（自端制御）	オンライン（LFC信号）	オンライン（EDC信号）	オンライン（EDC信号）	オンライン	
監視	オンライン（一部オフラインも可※2）	オンライン	オンライン	オンライン	オンライン	
回線	専用線※1（監視がオフラインの場合は不要）	専用線※1	専用線 または 簡易指令システム※6	専用線　または 簡易指令システム	専用線　または 簡易指令システム	
応動時間	10秒以内	5分以内	5分以内	15分以内	45分以内	60分以内 ※2025年度以降
継続時間	5分以上	30分以上	30分以上	商品ブロック時間(3時間)	商品ブロック時間(3時間)	30分 ※2025年度以降
並列要否	必須	必須	任意	任意	任意	
指令間隔	－（自端制御）	0.5～数十秒※3	専用線：数秒～数分 簡易指令システム※6：5分	専用線：数秒～数分 簡易指令システム：5分※5	30分	
監視間隔	1～数秒※2	1～5秒程度※3	専用線：1～5秒程度 簡易指令システム※6：1分	専用線：1～5秒程度 簡易指令システム：1分	1～30分※4	
供出可能量（入札量上限）	10秒以内に出力変化可能な量（機器性能上のGF幅を上限）	5分以内に出力変化可能な量（機器性能上のLFC幅を上限）	5分以内に出力変化可能な量（オンラインで調整可能な幅を上限）	15分以内に出力変化可能な量（オンラインで調整可能な幅を上限）	45分以内に出力変化可能な量（オンラインで調整可能な幅を上限）	60分以内に出力変化可能な量（オンラインで調整可能な幅を上限）※2025年度以降
最低入札量	5MW（監視がオフラインの場合は1MW）	5MW※1,3	専用線：5MW 簡易指令システム※6：1MW	専用線：５MW 簡易指令システム：１MW	専用線：５MW 簡易指令システム：１MW	
刻み幅（入札単位）	1kW	1kW	1kW	1kW	1kW	
上げ下げ区分	上げ／下げ	上げ／下げ	上げ／下げ	上げ／下げ	上げ／下げ	

出所：送配電網協議会「需給調整市場の概要・商品要件」

需給調整市場

需給調整市場とは、電力が足りない場合にすぐに応答し、電力を供給してくれることに対する価値、つまり調整力（⊿キロワット時）を取引する市場です。電気は、需要と供給は常に同じでないと、周波数や電圧が乱れてしまい、停電してしまう恐れがあります。発電事業者は、需要を取りまとめた小売り電気事業者が1時間前に計画値を最終的に提出しますが、需要の変動や再エネの変動、急に電源が落ちるといったこともあります。そういった場合にも、需要と供給のバランスが崩れないように、最終的な需給バランスの調整を一般送配電事業者が行ってくれています。今までは、この調整を行うための電源の公募を各一般送配電事業者が行っていましたが、エリアをまたいで調整力を調達できるようになりました。

調整力を提供してくれる売り手は、発電事業者や、蓄電池と需要を取りまとめて指令を出すアグリゲーターなどが考えられます。売り手として応募するには商品の種類があり、発電要請があり、どれくらいの時間で発電することができるか？　継続時間はどれくらいか？　によって名前が変わってきます。そのほか細かい回線のことなどもありますが、図表1-12のとおりです。2021年4月からは、応動時間までもゆとりのある三次調整力②（応動時間は45分以内、継続時間は商品ブロック時間〈3時間〉）が、2022年4月からは三次調整力①（応動時間は15分以内、継続時間は商品ブロック時間〈3時間〉が開始されました。2024年度からは、すべての商品が需給調整市場で取引をされます。一次調整力に近づけば近づくほど、急な要求にもすぐに対応することが求められます。日本の需給調整市場は、応動時間10秒以内が最高ですが、アイルランド市場では8秒、2秒応動というカテゴリーもあります。

需給調整市場では、応動指令がかかったときに電源を供出します。売り手である発電所は、いつでも電源を動かせるようにスタンバイをしておいたり、蓄電池は、長時間持続するような残量を確保しておいたり、アグリゲーターは、指令を出したときに確実に電力使用量を控えてくれるように需要家を握っておく必要があります。気候変動しやすく予測がしづらい再エネが増えたことで需給バランスの調整が難しくなったからこそ、より必要性に迫られた概念といえるでしょう。電力は、質のほかに役割も含めたバランスが大事であるということです。

長期脱炭素電源オークション

長期脱炭素電源オークションは、容量市場の一部としてカーボンニュートラルに貢献できる電源の新設や改修を促すために作られた制度です。老朽化した火力発電所が廃止されていきながらも、電化が進み、電力需要自体は増えていきますが、カーボンニュートラルに貢献する電源が新設されなければ電力供給量が足りなくなってしまいます。そこで、再エネや原子力関連、水素やアンモニアを混焼する火力発電や、火力発電をバイオマス専焼に改修するための投資を対象とした入札制度になります。

容量市場は、毎年オークションが行われ、単年ごとに取引価格が決まります。既にある発電所の維持のためのような意味合いが多いですが、単年ごとにいくらもらえるかわからなければ、発電所の新規建設やリプレース（改修）をするのに計画が立てづらいです。そこで長期間である20年間固定費水

図表１－13　長期脱炭素電源オークションの固定費回収と収益還付の仕組み

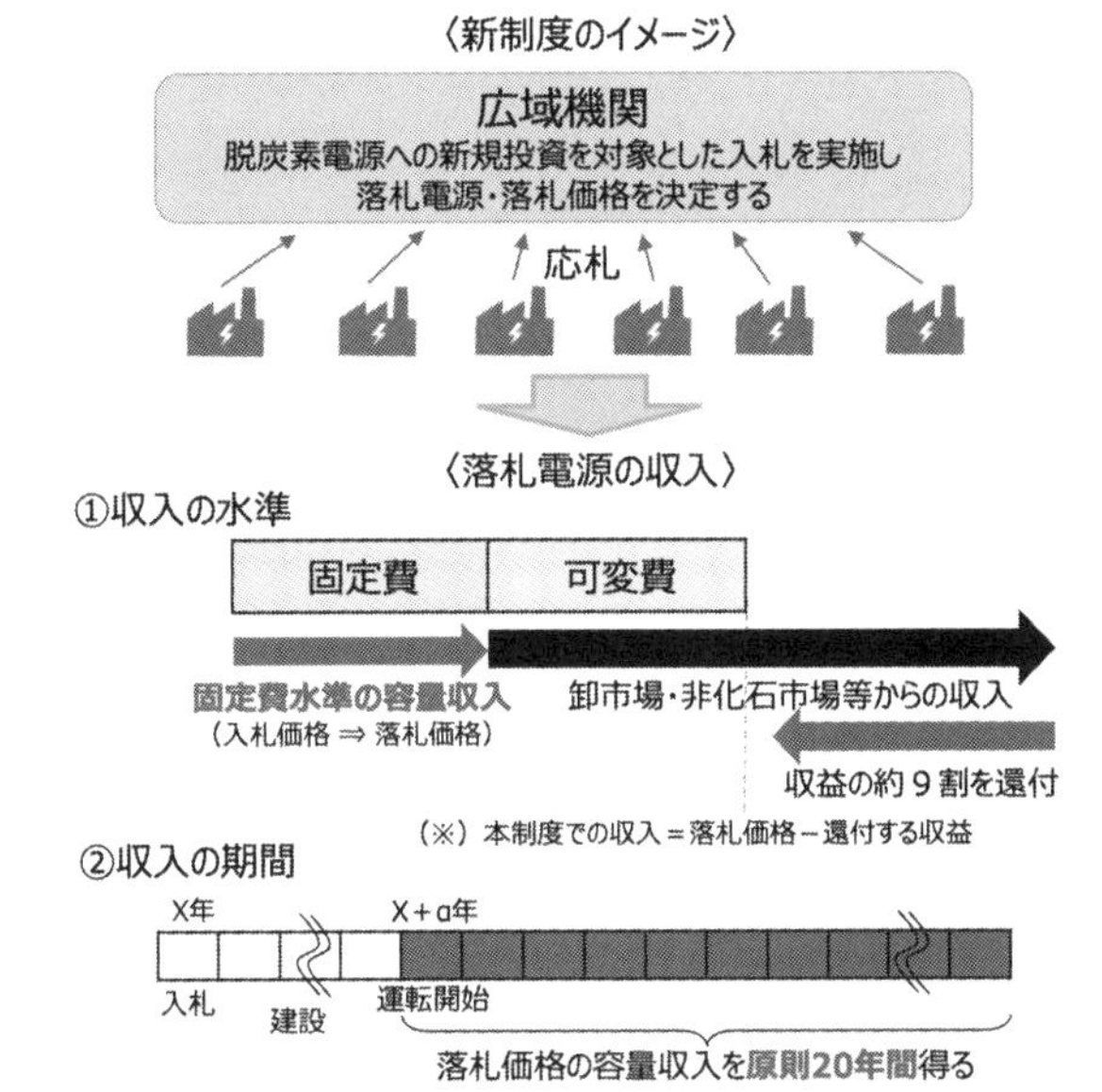

出所：経済産業省資源エネルギー庁

準の容量収入を得られる仕組みを作り、長期的な収入見込みがつくため投資を促すというものです。発電所の建設から運営には、建設費や系統連系費、運転するための人件費、廃棄費、固定資産税などの固定費から、運転の状況や調達価格によって変動する燃料費などの可変費があります。再エネの場合は、バイオマス発電以外は燃料を使わないため可変費はゼロになり、大型蓄電池の場合は、調達する電気代になります。

長期脱炭素電源オークションでは、電力広域的運営推進機関（ＯＣＣＴＯ〈オクト〉）。広域機関）が運営をします（図表1-13）。最低入札容量は、新設・リプレース案件、既設火力をバイオマス専焼にする場合は10万キロワット、既設火力のアンモニア・水素混焼にするための改修は5万キロワットです。入札できる容量は、所内電源や自家消費、自己託送で使用する分は除かれます。マルチプライスオークション（差別価格決済）方式によって、固定費相当にかかる費用をオークションで入札します。電源により入札の上限価格が決まっていますが、落札する電源によりもらえる固定費相当が変わってきます。落札されれば20年間、年間の固定費相当がもらえますが、卸電力市場や非化石市場から得られた収益は、9割を還付する仕組みになっています。つまり、安全に固定費を回収できるけれども、卸電力市場の時間ごとの値差を活用して大きな収益を上げたとしても、その収益は1割しか享受できず、逆に電源の売却で固定費を賄えるほどの収益が出なかったとしても、固定費は補償されるというものです。例えば、大型蓄電池を導入する際には、この長期脱炭素電源オークションを活用し、安全に20年間の固定費を回収するか、この制度を活用せずに卸電力市場の値差を活用して安い時間に蓄電し、高い時間に放電することで収益を上げるか、設置する事業者の判断に委ねられることになります。

第2章

なぜ今、電気代が高いの？

燃料費

電気代も他の商品と同じで原価があり、流通コストや経費などで構成されています。他の商品と違うのは、電気の場合、原価である発電に関する費用がブレやすく、毎月上下する項目である燃料費調整額があることと、環境対策の費用である再エネ賦課金があることでしょう。電気代の内訳は、原価である調達に関する費用、電気を送る費用、販売に関する費用、環境対策費用に分けられています。

まず、調達に関する費用ですが、発電に関しては、燃料費や発電所の稼働コスト、維持メンテナンス費用があります。一番変動が大きいのが燃料費です。日本は、火力発電が8割弱ですが、その燃料はほぼ100％輸入しています（図表2-1）。

国際情勢によって価格が変動しますし、中東諸国が原油の減産を決めれば、価格は値上がりしてしまいます。また、ウクライナ戦争が起きてからLNG価格も上昇し、発電コストが大きく上がり

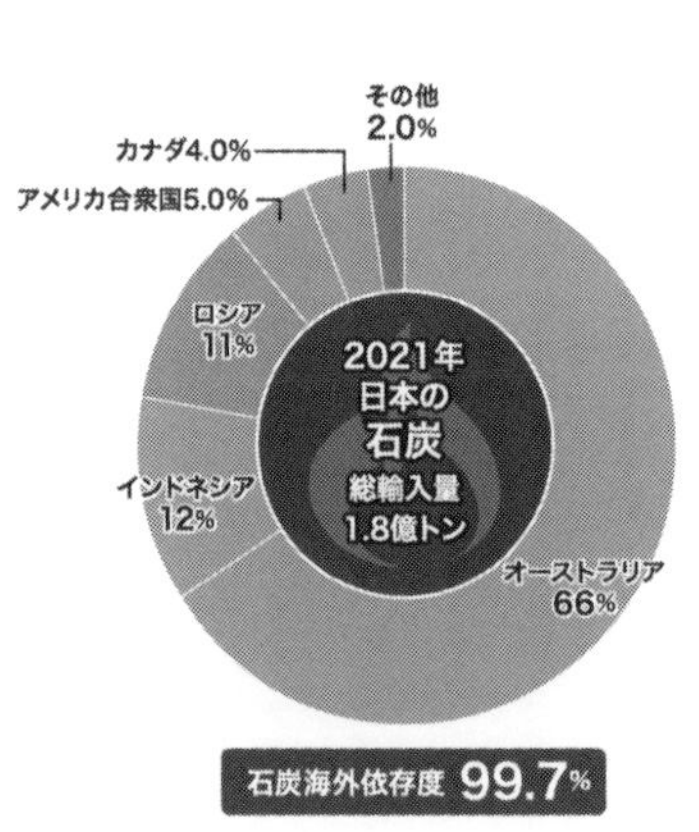

ました。このように燃料である原油、ＬＮＧ、石炭は、変動が激しいため、毎月の変動を調整するというものが燃料費調整額です。燃料費調整額は、各エリアのみなし小売り電気事業者によって燃料の割合や基準とする価格が違いますが、計算方法は、ほぼ同じです。

原油、ＬＮＧ、石炭が対象となり、過去の３カ月間の貿易統計価格から算出した平均燃料価格というものが、あらかじめこれくらいの価格で輸入できるだろうと定められた基準燃料価格と比較して高ければプラス調整、低ければマイナス調整となります。２０２１年前半までは原油価格も安くマイナス調整だったものの、その後、値上がりを続け２０２３年２月には大幅なプラス調整となっています（規制料金は上限があります）。

図表２－１　日本の化石燃料輸入先

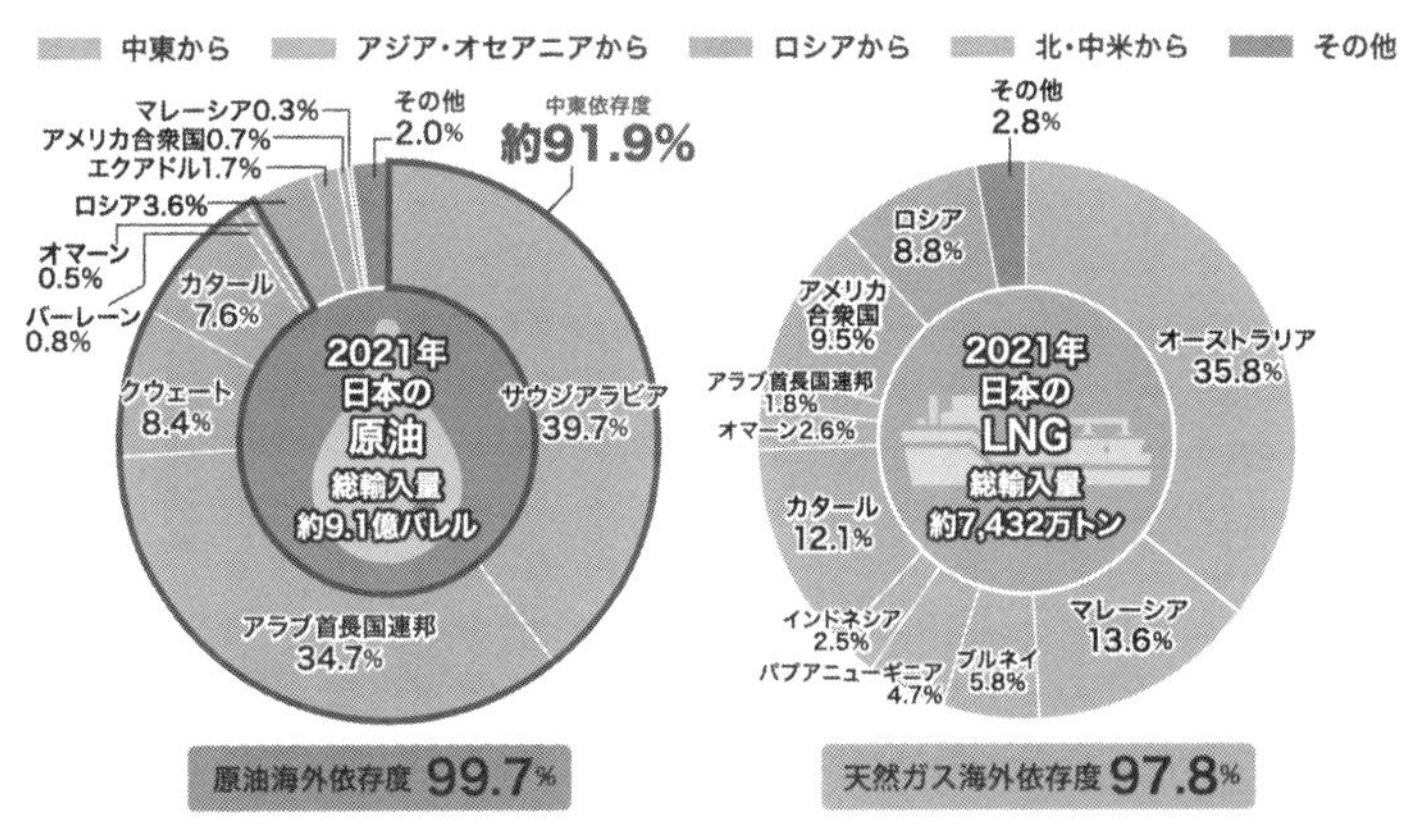

出所：経済産業省資源エネルギー庁
「日本のエネルギー 2022年度版『エネルギーの今を知る10の質問』」

規制料金というのは、みなし小売り電気事業者の電力自由化する前からある料金プランであり、従量電灯Ｂ・Ｃや電化上手などが該当します。規制料金のプランに関しては、値上げするのにそのつど電力会社が国に申請をし、認可が必要です。燃料費調整額も上限値が設定されているので、大幅なプラス調整になっても電気代が抑えられていましたが、２０２３年６月から７社が16～43％の値上げとなりました。

先ほど見た燃料費調整額は、火力発電の燃料費を調整するものです。しかし、発電に関するコストといっても実際にかかるのは、電源を調達する費用です。需要家に電力を販売する小売り電気事業者は、小売り電気事業者によって計算根拠の数値や割合が異なっていますが、おおまかに言えば、ＪＥＰＸを反映するものが増えています。みなし

図表２－２　燃料費調整額の推移（2021年3月～2023年4月）

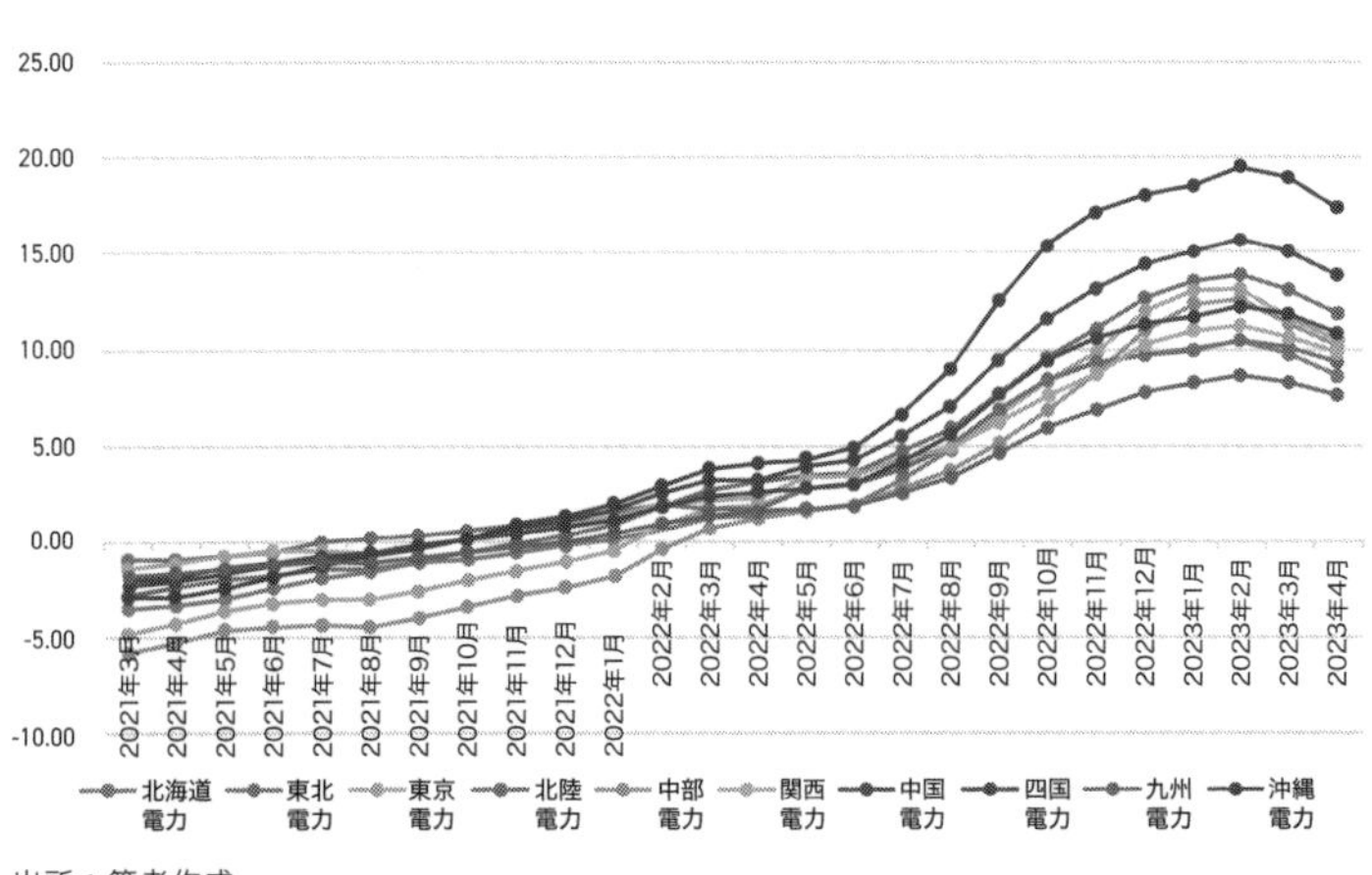

出所：筆者作成

小売り電気事業者でも高圧以上の需要家向けのプランや新電力のプランでは、従量料金や燃料費調整額がＪＥＰＸを基に計算されるものがあり、毎月、電気代単価が変動になります。ＪＥＰＸの変動を何割か反映させるものから、30分ごとの価格変動をまるごと変動させるものもあります。前述したように、ＪＥＰＸは1日の中でも大きく変動します。太陽光発電が多くなる昼間には０・01円といった価格を付けることもあれば、夕方は数十円を付けることもあります。ＪＥＰＸの価格変動をうまく利用すれば、逆に電気代を安くすることも可能です。

託送費

次に、電気を送る費用ですが、発電所で発電された電気が変成されて届くまでに多くの送電線や変電所、配電線を通ってきます。それらの設備費用に加え、維持運営費用、さらには同時同量を達成するために発電所を制御したり、調整できる電源を調達したりする費用、停電時や異常発生時にすぐさま復旧作業を行う費用など、安定供給のためのさまざまな費用がかかります。これらを総合して「託送費」といい、私たちの電気代の原価として加算されています。託送費は、高い電圧で受電している特別高圧が一番安く、次いで高圧、低圧の順に高くなっています。低圧の場合は、家庭に届くまでを想像してもらえばわかりますが、発電所から長い道のりを経て、変電所も数カ所を経由し、配電線という街の隅々に巡らされた電線や多数の電柱、柱上変圧器などの設備を通ってきますので、送配電会社の設備を特別高圧・高圧よりも使うため高くなります。

託送費は、昔は「総括原価方式」といい、かかった費用に利益を数%乗せて電気代の原価とする仕組みでした。しかし、それでは、結果的にあまり利用頻度の高くない投資をしてしまったり、設備や業務を効率化することで利益が得られるなどのインセンティブも働きません。そこで、２０２３年4月からレベニューキャップ制度が導入されました。

レベニューキャップ制度

レベニューキャップ制度は、5年間の系統運用に関する計画とかかるコストを見積もり、国に提出をして承認を受けます。そして、5年後に当初の予定よりも効率化ができて経費削減ができていたら、一般送配電事業者も利益を得ることができる仕組みです。さらに、その次の5年は、経営努力で費用が下がったところをベースに計画を立てるので、私たちの託送費も安くなる可能性もあります。がんばった分だけ利益が得られるというインセンティブがあるからこそ、効率化や将来より効率的な運用をするための投資が進む仕組みです。

国へ提出する計画は、具体的にどのようなものかというと、再エネ導入をするために系統線や設備をどう強化するか？　現在ある送配電線や設備の修繕や改修をどうしていくか？　また、ドローン（無人航空機）やＡＩ（人工知能）を活用したデジタル化によるインフラの高度化なども組み込まれています。

発電側課金

２０２４年度から始まる発電側も託送費の一部を負担する制度です。託送費とは、一般送配電事業者の送配電設備を使って電気を送る費用です。今までは、電気を使用する需要家、つまり窓口になっている小売り電気事業者がすべて負担をしていました。しかし、再エネなどの分散型エネルギーが増えたことで、系統によっては容量の上限に達してしまい、系統混雑を生み出したりもしています。発電側も系統を使用し影響を与えていることと、混雑しているところには新設の電源を誘発しづらくするために、発電側も託送費を負担することになりました。

電源を新設するには、系統を増強したり新設しないといけない場所もありますが、逆に新設の電源が少ないところはまだ系統に空きがある場所もあります。発電側課金では、場所によって金額の濃淡があります。発電所の容量によって課金される基本料金と、実際に逆潮流した分に課金される従量料金があります。系統の空きがある場所、つまり新設の電源を誘発したい場所は基本料金の割引が大きく、空きがそこそこのところは少し割引があります。このように濃淡をつけることで、系統に適した場所に電源の新設を促すことができます。

発電側課金が始まったことで需要家の電気代はどうなるかというと、あまり変わらないことが予想されます。小売り電気事業者の原価である託送費は減るものの、発電側が1割負担する分を電源費にのせてくることになるため、小売り電気事業者としては電気の調達費用が増えることが予想されます。つまり、原価は総額として変わらないため、需要家の負担も変わらないでしょう。

その他経費

最後に販売に関する費用です。これは、各小売り電気事業者によって異なってきますが、およそ10%前後の費用がかかってくるイメージでしょう。先ほど見た電源調達価格は、時期により大きく変動します。需要家への販売価格を固定価格にしている場合は、ここの販売に関する経費でバッファ（余裕）をある程度とっていることもあります。そのような会社は、調達価格によって毎月、利益率が変わってきます。しかし、電力の市場変動幅は、大きく赤字になるリスクが大きいため、現在は需要家への販売価格を調達価格と連動させるプランも多く見受けられます。その場合は、利益率はほぼ一定となり、小売り電気事業者の経営も安定します。

2024年度の電気代はどうなる?

電力業界では、たくさんの制度が並行して動いており、電気代にもあらゆる制度からの負担金が反映されていて、とても複雑になっています。各制度による負担額がいくら入っているかを見るとなると、細かく分解することになり、各制度のことを知るには到底、一般の需要家への簡単な説明では済みません。制度を挙げてみても、容量市場や発電側課金、レベニューキャップ、価格補助金の廃止、再エネ賦課金の増加など枚挙にいとまがありません。これらは、本書にてすべて解説していますので、ぜひ読んでみてください。

ところで、電気を使う皆さんにわかりやすく簡潔に説明するとなると、「同時同量」がキーワードでしょう。

発電にかかるコストは、読者の皆さんも想像しやすいかと思います。料理に例えると、和牛ステーキやフカヒレの姿煮などは原材料が高いので、料理の価格も高くなるのがわかるかと思います。寿司屋ではアワビなどが時価という表示も見ますが、原材料価格も変動します。これは、化石燃料と似ていて、燃料費は変動し、燃料費が高ければ発電された電気代も高くなります。

電気において重要な「同時同量」という概念は、電気を作ったときと消費するときが同じでないといけないということです。行列のできるたこ焼き屋を想像してみてほしいのですが、電気で行列は許されません。たこ焼きを食べたい人がたくさんいる場合は、滞らせることなくたこ焼きを供給しなくてはなりません。そのためには、行列ができない時間は働かない人でも、行列ができるときに備えて常に待機している必要があります。この待機費用も、わざわざいつでも働けるように待機しているわけですから、コストとしてかかってきます。

さらに、たこ焼きの原材料を運ぶために、トラックを手配して輸送する必要があります。トラックドライバーの皆さんは、今までは輸送にかかった費用に少し利益をのせたもので社内稟議が通っていましたが、輸送ルートが重複する場合や道を間違えてしまうことが多いため、制度が変わりました。これがレベニューキャップ制度で、向こう5年間の輸送計画を立てて、効率的に輸送ができるよう経営努力で経費削減ができたら、利益をボーナスとしてもらってよいことになりました。

2024年度の電気代は、同年4月以降、国の激変緩和措置による電気代の補助がなくなる可能性があるため、上がるでしょう。また、小売り電気事業者は、容量拠出金の負担も始まるため、電気代に転嫁し値上がりになるでしょう。同年5月には再エネ賦課金の見直しがありますが、２０２３年度はＪＥＰＸ価格が安かったため、需要家が負担する再エネ賦課金が多くなります。２０２４年5月以降の再エネ賦課金は再び値上がりするでしょう。

このようななかでも、うまく乗り切る小売り電気事業者が出てくるかと思います。一番の値上げの要因となる容量拠出金ですが、うまくピークシフトを促せる小売り電気事業者は負担を少なくすることができます。需要家としても、今まではただ電気を使いたいときに使うだけでしたが、安い時間に使い、高い時間には使わないといった工夫が必要になってくるでしょう。

Column

電源卸しの内外無差別

電気事業は、もともと10エリアの各地域の電力会社だけが行うことができ、同じ会社内に発電、送配電、小売りの機能を持っていました。１９９５年以降に電力システムの制度改革が行われ、発電部門と小売り部門は自由化され、あらゆる事業者が事業を行うことができるようになりました。しかし、発電と小売りが自由化されても、電気を届ける役目である送配電は、各地域電力会社が行っており、大手電力会社と新しく参入した新電力などの事業者を平等に扱う必要がありました。そこで、２０２０年４月に送電部門の分社化が行われました。こうすることで各事業者が送配電網を公平に利用することができ、もともと同じ会社だった大手電力会社の小売り部門も一般送配電事業者に対しては、新電力と同じ手続きを取っています。

送配電部門は、独立性が保たれたものの、現在も東京電力と中部電力以外は、発電部門と小売り部門は同一の会社組織に属しています。そこで今度は、電源卸しの公平性を必要とする声が上がってきました。グループ内の小売り部門に有利な条件で電源を卸すことをなくしていき、みなし小売り電気事業者と新電力も公平に電源調達をできる環境を整える方向に進んでいます。

経済産業省資源エネルギー庁の電力・ガス基本政策小委員会において、2023年3月に電力・ガス取引監視等委員会の内外無差別のフォローアップにおいて、内外無差別が確認されれば、常時バックアップ（BU）の廃止の判断が可能とされました。2023年6月に内外無差別の状況を評価して常時BUの廃止判断を行うとされていましたが、現状では、2023年度内の廃止は限られたエリアになりそうです。

北海道電力や沖縄電力は、社内外に同一メニューを提供しており、現時点で内外無差別な卸売りを行っているとの評価です。東京エリアや中部エリアでは、JERA（ジェラ。東京電力フュエル&パワーと中部電力との合弁会社）などと小売り電気事業者との間に既存の長期契約が存在しています。卸標準メニューに基づく交渉・契約は限定的で、内外無差別な卸売りに向けた取り組みは進展していないとの評価です。長期契約が満了する2025年度後の契約が内外無差別に提供されることが重要です。北陸電力や中国電力、四国電力、九州電力は、相対取引のプロセスが透明化されていないなか、自社小売りへの社内卸売りが優先されているとの疑義を生じさせる事例が確認されており、改善の検討を求めていく必要があるとのことでした。

常時BUが廃止になると、新電力としては、安定的な価格で電力を調達する場がなくなるため、相対電源やベースロード市場の活性化などにより電源を調達する機会が幅広く整備される必要があります。電源卸しに関しては、北海道電力やJERAは、ブローカーを通した取引も行っており、より最適な電源にアクセスできる環境が整うことを期待しています。

第3章

電気のお仕事紹介

電気は、どこでも使われており、基本的には24時間365日使えます。大きな設備から家庭などの小さな需要家まで不自由なく電気が使えているのは、電気の仕事に従事する方のお蔭です。電気の仕事は、電力会社のような大きな組織から、工事屋、メンテナンスを行う主任技術者、省エネ関連カーボンニュートラル関連事業者など多岐にわたります。電気は感電すると危なく、専門の知識を持った方が扱う必要があります。ここでは、さまざまな電気の仕事を紹介していきます。

電気主任技術者

電気主任技術者は、第一種、第二種、第三種と階級が分かれています。また、特定の発電所をみるための資格として、第一種および第二種ダム水路主任技術者、第一種および第二種ボイラー・タービン主任技術者という資格もあります。

電気主任技術者の仕事内容は、電気設備の保安監督業務、つまり点検を行います。電気設備の点検は、法律で義務付けられており、電気設備の停電をして行う年次点検や、目視点検をメインに行う月次点検、また不具合があったときに行う臨時点検があります。

具体的な作業内容はいくつかありますが、まずは、電圧や電流の計測・記録です。制御盤のメーターの数値を確認したり、テスターによる電流・電圧の計測をし、報告書に記載します。数値に異常があったり、メーター値がうまく測れていない場合は、ヒューズ切れや回線の劣化など何かしらの問題があるため、特定して対応します。

次に、絶縁抵抗測定です。電気機器、電気設備の絶縁劣化がないかを確認するため、計測したいものと大地間に測定機器で電圧をかけて絶縁抵抗を測定します。この測定値が低すぎると短絡状態になっている可能性がありますので、大事な数値です。

ほかにも配線のねじなどの緩みがないか、ヒューズ切れがないかなどの目視で確認チェックをします。また、ほこりや葉っぱ、まれにあることが太陽光発電設備など人里離れた場所にあるキュービクルには蛇や虫の死骸があります。それらは、短絡の原因にもなるため、年次点検の際には掃除もします。非常用発電機がある場合には、始動試験を行い、動作までの時間や燃料の消費、出力の確認も行います。

一見多くの業務があるように見えますが、体力を使うようなことはあまりありません。不具合があった場合は、電気工事士に依頼をするため、自身で作業を行うこともありません。そのため、定年退職後に独立して電気主任技術者として保安監督業務を行う方もいます。

電気主任技術者になるための方法は2つあります。ひとつは、経済産業省が認定した大学・高等専門学校・工業高等学校などで決められた単位を取ったのち、一定の実務経験を積んで然るべき手続きを取ることで取得ができます。もうひとつは、資格試験に合格することです。電気主任技術者になるためには「電験」という試験を受けますが、これは、実務経験などの受験資格はなく、誰でも受けて合格すれば、電気主任技術者になることができます。しかし、資格だけあっても実務経験がなければ独立はできません。安全に関わる仕事であり、点検も手順を間違えると感電や波及事故を起こす可能性もあるため、しっかり手順を理解したり、設備に不具合があったときには臨機応変に対応することが求められます。

電気工事士

電気工事士は、第一種電気工事士、第二種電気工事士に分かれています。さらに、特殊電気工事としてネオン工事資格者、非常用予備発電装置工事資格者がいます。電気工事士は、一般住宅からオフィスビルなどさまざまな建築物の電気設備の工事や配線を行います。一番多いのは屋内配線工事です。ビルや工場、一般住宅の配線を行います。新築時の電気設備の取り付けから配線、リフォーム時の電気設備を取り付ける配線も行います。大きなビルなどの現場では、他の建設系の事業者との段取りや連携も必要になり、施工管理をする方は、コミュニケーション能力や現場での作業日数を見積もる能力も必要です。

外線配線工事では、電柱に昇り電線をビルや工場、各家庭などへつなぎ、各場所に電気が流れるようにする工事も行います。場所によっては、地中電線の地区では地中での作業を行うこともあります。ほかにもエアコンの設置工事や太陽光発電、蓄電池の設置工事など、ありとあらゆる電気が関連する工事を行います。

電気工事には、電気工事士しか行えないことと、電気工事士でなくても行えることがあります。第二種電気工事士は、資格を取ればすぐなれますが、第一種電気工事士は、資格試験に加え、現場経験も必要になります。今後、再エネや蓄電池のニーズが増えるのに加え、EVの普及によっても受電設備も増加しているので、ますます活躍の場が増える見通しです。電気工事士として一人前になるには、現場で経験を積むことが大事です。実際の電気工事士の方からよく聞くのは、現場では他の業者の方との連携も必要だそうです。

ラインマン

ラインマンとは、送電工事を行う工事屋のことで、ライン＝送電線の上で仕事をするので「ラインマン」と呼ばれています。ラインマンは現在、日本には約7000人しかおらず、送電工事の担い手にも関わらず、人口減少に悩まされている職業です。ラインマンは、鉄塔の組み立てを行ったり、建設を行ったり、出来上がった鉄塔の上で電線を張る作業を行ったり、送電に関するあらゆる作業をします。体力も腕力もないとできない仕事で、送電線の上で作業をするバランス感覚も大事になります。送電線に電線を張る作業は、地上で行う作業もあり、数人ごとのチームに分かれて無線で連絡を取り合いながら作業を行います。地上１００メートルほどの場所で数時間も作業をすることもあり、夏の暑い日や冬の寒い日、雨の日も屋外で作業を行う尊敬すべき職種です。ラインマンは現在、働き手不足であり、出張が多く体力的にも大変な仕事のため、若い人の離職が早いことや、そもそもラインマンという仕事の認知が低いことが課題となっています。会社によっては、現場近くにラインマンハウスという住宅を用意している会社もあったり、ラインマンの認定試験ができるなどの、福利厚生や普及啓発の面でも取り組みが増えています。

ラインマンになるためには、特に必要な資格などはなく、送電工事をやっている会社に入り経験を積みます。最初はフルハーネスを付けたり、鉄塔に昇る訓練を行いながら、工事の手順を覚えて一人前になっていくそうです。

ほかにもたくさんの電気に関わる仕事があります。沖縄の離島で電力供給をしている事業者の方もいれば、海外に発電所を造るプロジェクトに携わっている方、電力に関する研究を行ったり、新技術を生み出す活動をしている方、電力システムやカーボンニュートラルに関する制度を作ったり運営する方、核融合発電などの未来のエネルギーを担う一大プロジェクトに携わる方など、電気に関わることで、どこでもいつでも仕事ができます。学生さんなどにも電気とはこのようなものだと知ってもらう機会が増え、あらゆるアイデアが生まれる業界になってほしいと思います。

Column 

伊藤菜々の合格体験記

筆者は、電力系ユーチューバーや電気の仕事をしていますが、制度のことや小売り関連の分野なので、実際に電気設備を点検したり工事したことがありませんでした。しかし、仕事の幅が広がるほどに現場の知識も必要になってきたり、より詳しい電気の知識が必要な場面があり、ステップアップをしないといけないと考え、電気主任技術者になろうと一念発起したのがきっかけでした。電験三種に合格するには、文系卒だと約1000時間の勉強が必要といわれていますが、経験がなくても無条件で受験ができるというのが魅力でした。

まず、第一に重視したのがテキスト選びです。筆者は、理系出身ではないため、数学や物理の知識がなく、それらを前提としたテキストでは眠くなってしまうため、とにかく簡単でわかりやすいテキストを選びました。マンガでわかる電気数学や、猫でもわかる電気数学などのタイトルの参考書から勉強を始めました。

そして、仲間探しも始めました。一緒に勉強できる仲間を見つけるために、ユーチューブやSNS（交流サイト）で「電験三種一発合格する！」と宣言しました。すると、同じように電験三種の勉強をしている方や先輩方から温かい応援メッセージやコメントをいただけたりと、とても励みになり勉強をやり切ることができました。ユーチューブでは、学んだことをアウトプット

図表３－１　電験三種を勉強する筆者

出所：筆者撮影

することや、勉強しているところをライブ配信するという取り組みを始めました。そうすることで一緒に勉強をしてくれる仲間と時間を過ごせ、サボり癖がなくなったこと、また、わからないことを詳しい人に聞けるので、その場で問題が解決できるというメリットがありました。まるで大学受験予備校時代に皆で一緒に勉強を乗り切った気分でした。資格試験は、継続するためのモチベーションを保つことと、本質を理解してあらゆる問題に対処できるようになることが大事です。モチベーションを保つために、ぜひ周りの人を巻き込んでみたり、本質を理解するようにアウトプットすることを試みてください。

電験三種一発合格する宣言から約1年——。いよいよ試験の日がやってきました。電験三種は、4科目合格すると合格となり、晴れて電気主任技術者となります。科目合格制度というものもあり、1科目でも合格できれば3年間持ち越すことができます。筆者の結果は、惜しくも理論と電力の2科目合格でした。一発合格を強く目指していたこともあり、とても悔しかったです。しかし、科目持ち制度を活用して、半年後の試験では絶対に合格しようと決意しました。まずは、合格に届かなかった機械科目と法規科目の落ちた原因をしっかりと考え、弱点の洗い出しをしました。筆者の場合は、機械科目では発電機や電動機の公式だけを丸覚えし、本質を理解していなかったため、機械の仕組みを理解することにしました。法規科目では、細かい条文を覚え切れていなかったため、しっかりと繰り返すことで一字一句まで覚えることにしました。こうして半年後の目標に向けて、限られた時間の中で合格点をとれるような計画を立て、改めて再スタートをしました。

そして、半年後の試験では、なんとか機械と法規科目に合格ができ、晴れて電験三種試験に合格することができました。2回目の試験は、試験慣れしていたこともあり、時間配分もうまくでき、緊張もあまりしませんでした。これから受験をされようという方は、この試験に限らず、まずは受かる自信がなくても試験会場に行ってみることをお勧めします。大人になって試験を受けることはあまりないと思いますので、場の雰囲気に慣れることも大事なことだと思います。

そして、電気主任技術者という仕事に多くの方に興味を持っていただけたらうれしいです。電気主任技術者は、2世の方も多く、父親の働き方を見ていたら自分も憧れてなるパターンが多いのです。つまり、それは、カッコイイとか、働きやすそう、家庭と両立してもよい仕事ということです。電験三種は国家資格であり、現在の経済産業省が出している試算では、10年後には約2000人足りなくなるといわれています。実務経験や理系の学歴などがなくても誰でもチャレンジできる資格です。これから電化が進み、電気設備も増えていき、再エネ設備も増えていくなかで、電気のプロとして働いてみるのもやりがいを感じられます。

第4章

ＧＸ、
カーボンニュートラル
を知ろう

ＧＸ実現に向けた基本方針

ＧＸとは、「グリーントランスフォーメーション」の略語で、化石燃料から脱却することを良いチャンスだと捉え、クリーンなエネルギーを活用していくことで技術の革新も起こしていくということです。日本も２０５０年カーボンニュートラルを表明しており、温室効果ガスの排出量と吸収量をネットゼロにすることを国際的に約束しています。そのためには、温室効果ガスの出ない燃料などの開発やサプライチェーンの構築、再エネや原子力発電所の再稼働などが必要となり、現在の社会の仕組みを変えていく必要があります。その変化を経済成長の機会と捉え、世界的な変革の中での競争力を高めていくことを目標としています。

岸田文雄内閣総理大臣を議長とするＧＸ実行会議が開催され、２０２３年2月に基本方針が閣議決定されました。気候変動問題対策や、ロシアによるウクライナ侵攻を受けて、「国民生活及び経済活動の基盤となるエネルギー安定供給を確保すると共に、経済成長を同時に実現するための取組を進める」としています。エネルギーの安定供給、経済成長、カーボンニュートラルを同時にかなえることが大事だということです。ＧＸを進めていくなかで、エネルギー政策について進めていくべき方針が挙げられています。

エネルギー政策については、安定供給の確保に向けて、省エネや再エネ、原子力などのエネルギー自給率向上に寄与するカーボンニュートラル電源へ転換していくと定められています。省エネに関しては、ZEHなどの高断熱性により使うエネルギー量を抑えた住宅の省エネ化、省エネ家電への買い替えなどに補助金を交付したりします。企業に対しては、化石燃料からの転換を促すために、情報開示の仕組みを導入したり、目標を立てて取り組んでもらえるよう、改正省エネ法などの規制で促したりします。エネルギー自給率を上げ、カーボンニュートラル電源を導入するには、再エネや原子力発電をより導入できるようにすることが大事です。そのためには、系統線が混雑して足りないため、全国規模での電力系統の整備計画も立てられました（図表4-1）。土地も広く再エネポテンシャルの高い北海道から本州へは、海底直流送電も計画されています。原子力に関しては、現在審査中で停止しているところが多くありますが、カーボンニュートラルのベースロード電源としては、大事な役割を担っています。原子力発電所の運転期間は原則40年、延長を認める期間は20年とされており、最長60年とされていますが、審査で停止している期間はノーカウントとすることが認められました。

GXを進める方針については、GX経済移行債などを活用した先行投資支援、カーボンプライシングによるGX投資先行インセンティブ、新たな金融手法の活用などを含む「成長志向型カーボンプライシング構想」の実現をしていくとされています。

図表４－１　地域ごとの地域間連系線および地内増強の全体イメージ

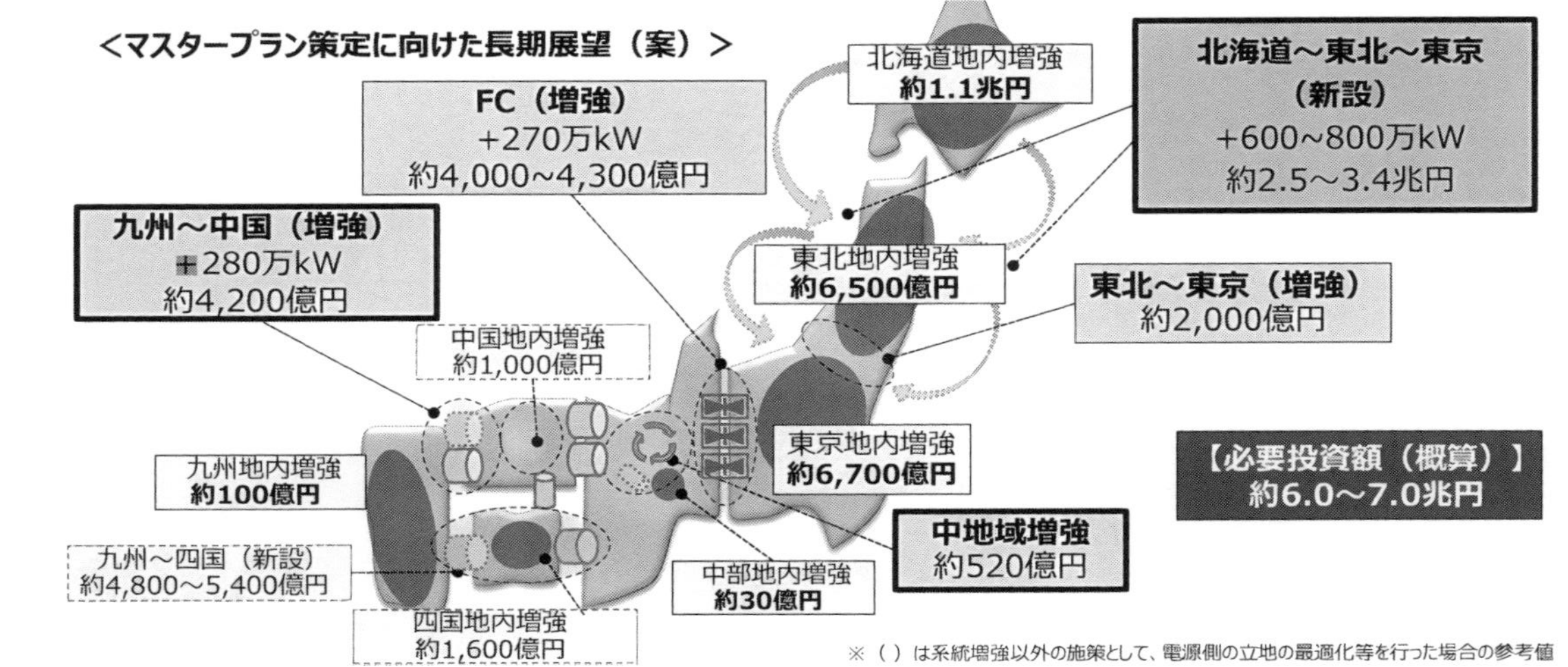

出所：経済産業省資源エネルギー庁

企業、家庭の電力使用量

カーボンニュートラルに向かっていくには電力の質を変えていくだけでなく、省エネして電力の使用量自体を抑えていくことが必要です。家庭・運輸・業務・産業分野でも、それぞれに経済成長を見込んだうえでの省エネ目標が計画されています（図表4-2）。企業に関しては、地球温暖化対策の推進に関する法律（温対法）・エネルギーの使用の合理化及び非化石エネルギーへの転換等に関する法律（省エネ法）の報告が課されたり、中小企業についても大手企業の取引先として温室効果ガスの削減を強いられることがあります。

温室効果ガスの排出される区分は、一般的に3段階に分かれています。スコープ1が直接排出量であり、製造業などでカウントされることが多く、熱源や加工の原料に化石燃料を使用している場合、その使用に伴う温室効果ガス（GHG）排出をカウントします。都市ガス会社では、カーボンニュートラルLNGを販売している会社もあったり、環境価値を使用してオフセットする場合もあります。スコープ2は間接排出量で、化石燃料から作られた電気、熱、蒸気の使用に伴うGHG排出をカウントします。使用している電力が原子力発電や再エネ発電などの非化石電源由来である場合は、GHG排出量をゼロとして報告することができます。スコープ3は、そのほかの排出量であり、自社の事業に関連する事業者の排出量や、製品を使う第三者が排出するＧＨＧです。自社の上流も下流もあり、上流では、原材料を作っている会社、輸送を行う会社、従業員の移動などで排出するＧＨＧも含まれます。下流では、製品を使用する人や、製品を廃棄するときに排出されるＧＨＧが含まれます。金融機関では、融資先も含まれますし、ハウスメーカーでは家を建てる方の排出量も含まれます。

まずは、スコープ１、スコープ２から入り、スコープ３にも取り組んでいくことになりますが、家庭のカーボンニュートラルは、企業活動の中に入ってくるには、かなり後回しになってしまいます。直接強いられることはなく、改善をするには、一番難しいところではあります。自治体に対して２０５０年に家庭と業務で使用する電力のカーボンニュートラル化を目標にさせるカーボンニュートラル先行地域や、年間供給量が５億キロワット時を超える小売り

図表４－２　長期エネルギー需給見通し（エネルギーミックス）における省エネ目標

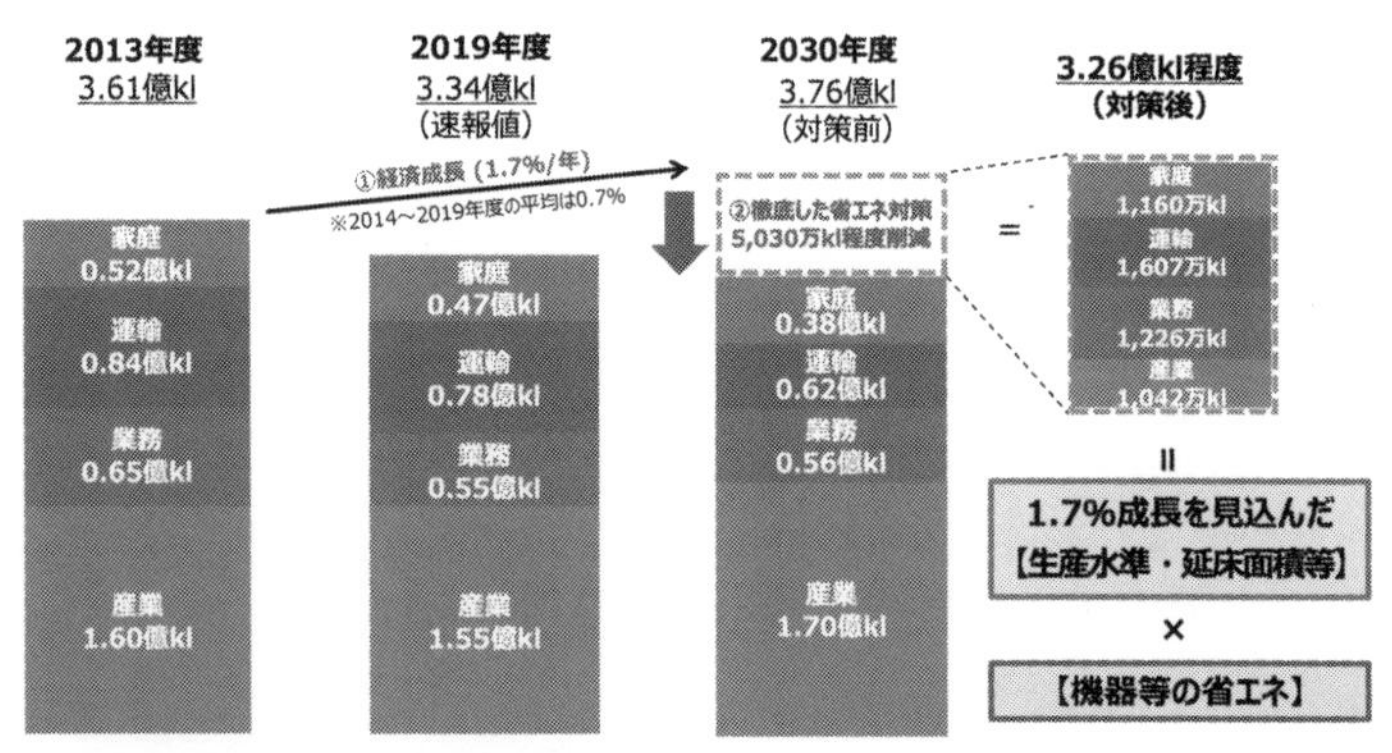

出所：経済産業省資源エネルギー庁

電気事業者にはエネルギー供給構造高度化法（高度化法）を設定し、供給する電力の一定以上を非化石化することを要求する取り組みをすること、ハウスメーカーのスコープ3として住宅の省エネとカーボンニュートラル化をすることでアプローチがなされています。

季節ごとの需要量と節電対策

2022年の冬から本格的に省エネプログラムが始まりました。省エネプログラムは、指定された時間に電気の使用量を減らしたり、昨年と比べて使用量を減らせた場合にポイントがもらえる仕組みです。契約している小売り電気事業者によって省エネ要請の出すタイミングや、出し方が電子メールなのかLINEなのかなどは違いますが、大まかにはエリアの需給がひっ迫しているときに省エネの要請が出ます。省エネ要請は大きく2種類あり、「月間型」と「指定時型」に分かれます（図表4-3）。月間型は、純粋に月間単位で昨年よりも使用量を減らすと特典があるものです。指定時型は、通常前日の間に「翌日の○○時〜○○時に節電してください」という感じで通知がきます。節電に成功したかの判断ですが、平日の直近5日間のうち、使用量の多かった4日間の該当の時間帯の平均使用量よりも低かった場合は、節電成功となります。

夏や冬のエアコン需要が増える時間帯は、電気の需要量が突出してしまうため、そこだけ合わせて発電を確保するのが難しくなります。夏と冬の需給がひっ迫するときだけ、火力発電所を動かしてもらうような対策もあるものの、カーボンニュートラルもしなければならない今、需要を減らしたり、電力の余っている時間に使用をずらす工夫は必要です。再エネが増えてくれば、電源側での出力調整はより難しくなりますので、需要を発電に合わせせる仕組みが必要になります。

２０２２年の冬から始まった国が支援を行う節電プログラム（電気利用効率化促進対策事業）は、そういった背景からの需要側をうまくタイムシフトしていくことの駆け出しだと思っています。当初は、とにかく

図表４－３　節電プログラムの「月間型」・「指定時型」のイメージ

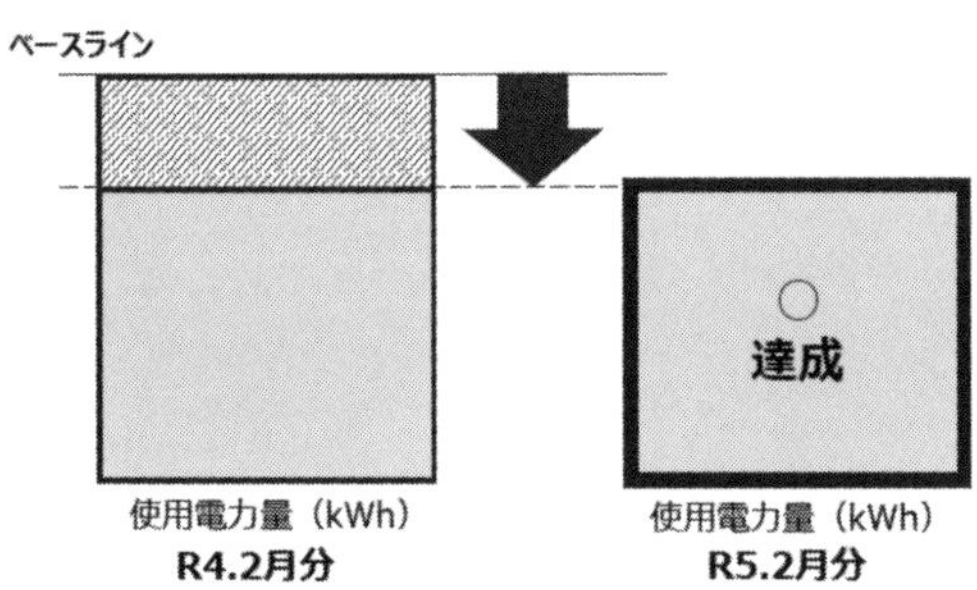

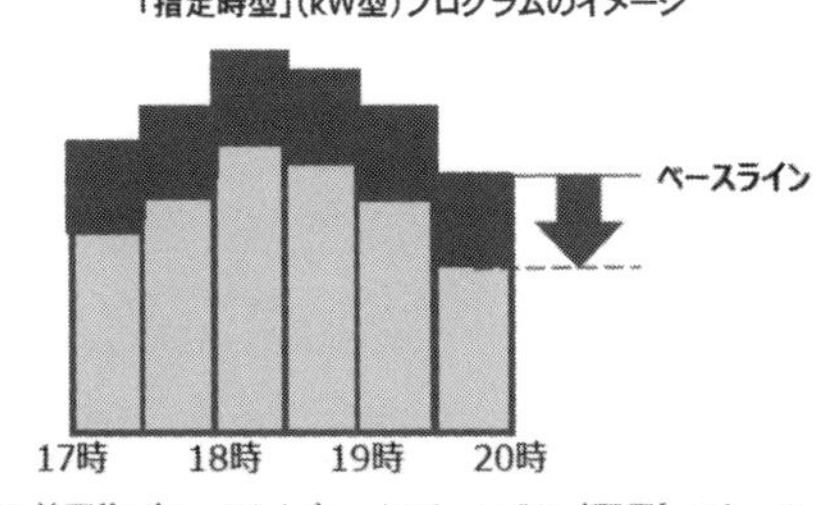

※直前平均（ベースライン）＝high 4 of 5（平日）のケース
：直近5日のうち、該当時間における需要量の多い4日分の平均

出所：経済産業省資源エネルギー庁

気合いで省エネを行うというニュアンスが見受けられましたが、この節電プログラムも始まって以降、2023年の夏は、省エネするための仕組みを一緒に提供している会社もあります。東京電力では、給湯器を最新のエコキュートに変えた方に最大2万円分のJCBギフトカードをプレゼントするキャンペーンや、エアコンの掃除会社と提携し、サービス料金が20％オフになるキャンペーンを行っています。また、家庭内のエネルギー消費で大きな割合を占める空調ですが、断熱性能を高めることで使用量を減らすことができます。熱の大部分は、窓から逃げていきますので、窓の断熱性能を上げることで根本的な省エネにつながります。窓のリフォームは、国の補助金も出ており、そういった情報提供も行っています。さらには、太陽光発電や蓄電池の導入キャンペーンも行っており、最大4万円分のJCBギフトカードをプレゼントしています。

また、現在は「省エネキャンペーン」といっていますが、正確には「デマンドレスポンス（DR）」を行うことが求められています。DRとは、要求に応答するとの意味のとおり、電力需給がひっ迫しているときには節電をし、逆に、電力が余っている時間帯には電気を使うということも求められます。使うといっても無駄遣いするのではなく、時間をずらすイメージです。電力需給がひっ迫している時間に使っていたものを余っている時間に稼働させたり、余っている電力を蓄電池や電気自動車（EV）に貯める、水の電気分解を行い水素を作る、仮想通貨のマイニングを行うなど、あくまで有効活用をします。このような需給バランスを整えてくれるものを「調整力」といいます。この調整力を増やしていくことは、再エネを増やしていくと同時に行わなければならない使命です。電気を使う需要家単位で発電設備を持ち、蓄電池やEVを導入すれば、外から買う電力が少なくなり、経済的にもメリットが出ます。

省エネ家電は空調から

省エネするためには、私たちの意識や行動で気を付けることと、使う家電の効率を上げることです。私たちの行動で気を付けることは、「HEMS（ヘムス）」という住宅内の家電の自動制御と見える化を行ってくれる機器が自動で行ってくれることもあります。さらに、省エネをストレスなく行うには、最新の家電に買い替えることがオススメです。

中でも空調のエネルギー消費は、オフィスビルでは46％、飲食店舗では50％以上、家庭でも30％を占めています。電力を使うエアコン以外の空調もありますが、カーボンニュートラルに向けて全体的に電化することが望ましいです。エネルギー消費の大部分を占める空調を電化し、エアコンを高効率化することで大きな省エネを無理なく行うことができます。

その秘密を探るべく空調の大手メーカーであるダイキンのショールームへ行ってきました。

エアコンは効率が上がっており、10年前の型と比べると消費電力が年間10%も削減できます。

その理由として、まずはインバーター運転です。従来は「一定速方式」といい、運転開始と同時に100%で稼働し出し、設定温度を少し超えると稼働をオフにするという運用でした。つまり、荒い山と谷が交互に来ていたようなイメージです。その後、「インバーター方式」というものが導入され、滑らかな運転ができるようになりました。設定温度に近づけるために、電源を入れたときは最大出力で稼働し、設定温度に近づいたら低速に自動で制御をします。細かな調整が常に自動でできるため、快適に効率よくエアコンを使用できます。

ほかにもヒートポンプの仕組みを使い、エネルギー効率が上がり、熱交換できる部分を増やしたエアコンもあります。最新の家庭用エアコンは縦の長さよりも全面への立体の出っ張りが大きく、そこには熱交換のパイプがより多く通っています。

さらには、除湿や加湿もできる湿度調整機能に優れたエアコンもあります。エアコンを使う際には温度だけを見がちですが、体感の快適さは湿度の影響も大きく受けます。ダイキンの体感型ショールームであるフーハ東京やフーハ大阪には、湿度体感ルームというものがあります。そこでは、部屋の広さや形、温度が同じなのに湿度が違う部屋があります。そこでは、湿度が違うだけで快適さが違うことを体感できるのでぜひ行ってみてください。ほかにもフィルター掃除を自動で行ってくれるエアコンもあり、今までは「省エネ対策としてエアコンのフィルター掃除をこまめにしよう」と言われていたものを自動で行ってくれます。

エアコンのほかにも、冷蔵庫や自動温水便座も省エネ性能が増しています。それらは、季節の夏か冬かの外気によって設定温度を変更することで省エネができるとされてきましたが、その温度調整も最新の機器は自動で行ってくれます。

ZEHやスマートハウス

「ZEH（ゼッチ）」や「スマートハウス」などの言葉を聞くこともあると思います。どちらも省エネ志向の住宅というところは同じですが、少し意味合いが違います。スマートハウスとは、太陽光などで創エネをし、蓄電池やEVといった貯める設備も導入をし、HEMSを使ってエネルギーマネジメントをすることで、エネルギーを効率的に使うことに重きを置いています。

ZEHは、「Net Zero Energy House」の略語で、建物のエネルギー消費量を抑え、再エネなどを利用して創エネをし、建物が年間を通じて消費するエネルギー量と、その建物で発電される再エネの量が、差し引きしてゼロになる家のことをいいます。使うエネルギーと創るエネルギーがネットゼロなので、ネットゼロエネルギーハウスです。

ＺＥＨを達成すれば補助金をもらえることもありますが、ＺＥＨには達成しなくてはならない条件があります。

①強化外皮基準を規定値以下にすること

②再エネを除き、基準一次エネルギー消費量から20％以上の一次エネルギー消費量を削減すること

③再エネを導入すること（ＺＥＨ oriented〈ゼッチ・オリエンテッド〉の場合は免除）

④再エネを加えて、基準一次エネルギー消費量から１００％以上の一次エネルギー消費量を削減すること

①の強化外皮基準とは「ＵＡ値」ともいい、住宅の壁や断熱材などを含めた外皮の断熱性能を現した基準です（図表４-４）。単位温度差あたりの外皮総熱損失量を外皮総面積で割ったものです。筆者は、省エネ住宅を判断するのに、根本的にこの数値が大事であり、快適性にも関わってくると考えています。数値が低いほうが逃げる熱が少ないため、断熱性能が高いことになります。寒い地域のほうが、断熱性能が高い必要があります。

②の再エネを除いた一次エネルギー消費量削減とは、省エネです。基準とは、省エネ基準であり、省エネ基準の住宅よりも一次エネルギー消費量を減らすことが求められています。再エ

ネで賄うのではなく、単純に省エネするには、使用量の多いエアコンや給湯に使うエネルギーを減らす必要があることがわかります（図表4-5）。

そのためには、断熱性能を上げることで空調に使うエネルギーを減らす必要が出てくるため、①の要件も必然的に達成するようになります。

具体的な省エネの家電設備に関してですが、最新の空調や空気の熱からお湯を作るエコキュートについて見に行ってきました。ポイントとなるのは、どちらにもヒートポンプの技術が使われています。

ヒートポンプとは簡単にいうと、冷媒の力を借りて投入した電力の数倍分の空気中の熱を移動させる技術です（図表4-6）。例えば、

図表4－4　地域ごとの強化外皮基準（UA値）

地域区分	1地域	2地域	3地域	4地域	5地域	6地域	7地域
H25基準	0.46	0.46	0.56	0.75	0.87	0.87	0.87
ZEH	0.4以下		0.5以下	0.6以下			
代表的な都市	旭川	札幌	盛岡	仙台	新潟	東京・名古屋・大阪	宮崎

出所：YKK AP

図表4－5　世帯あたりの用途別エネルギー消費の推移

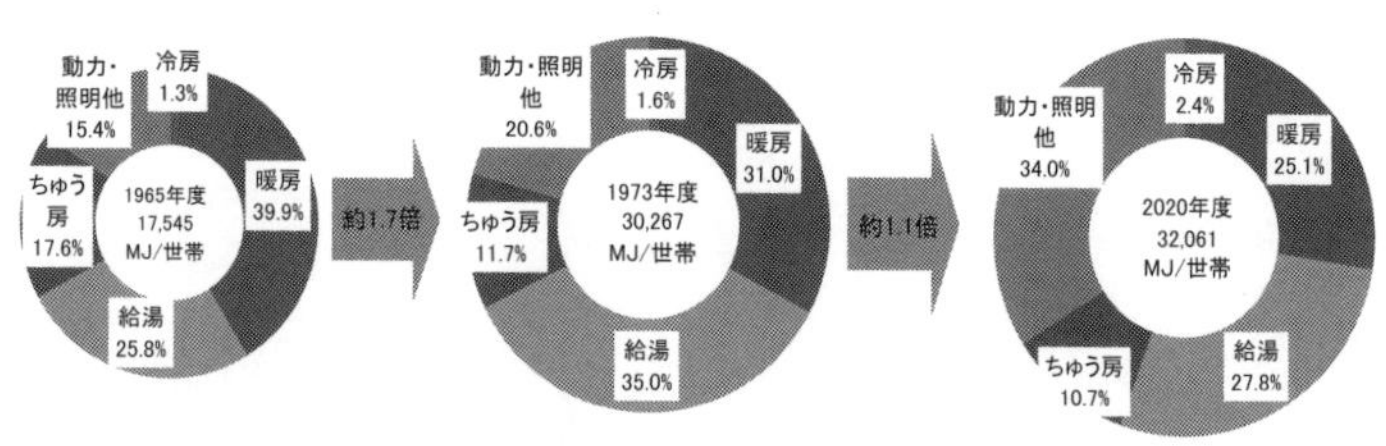

出所：経済産業省資源エネルギー庁

エコキュートの場合は電力を1投入すると、4熱エネルギーができます。化石系の燃料を燃やしてお湯を温めるのであれば、投入したエネルギー以上の熱エネルギーはできませんが、温度の変わりやすい冷媒を圧縮したり、膨張させたりすることで熱移動を行い、投入エネルギー以上の熱を作ることを可能にしています。

　エアコンでは、10年前のものと比較すると、電力消費量が大幅に違ううえに、エアコン立ち上げ時の消費電力の上がり方も最新のものはゆっくり立ち上がるそうです。

　エコキュートは、オール電化住宅などには既に導入されていることが多いですが、実は、まだ普及率は全体の10％ほどだとのことです。今後は、寒冷地でも霜が付かないような工夫

図表4－6　ヒートポンプの仕組み

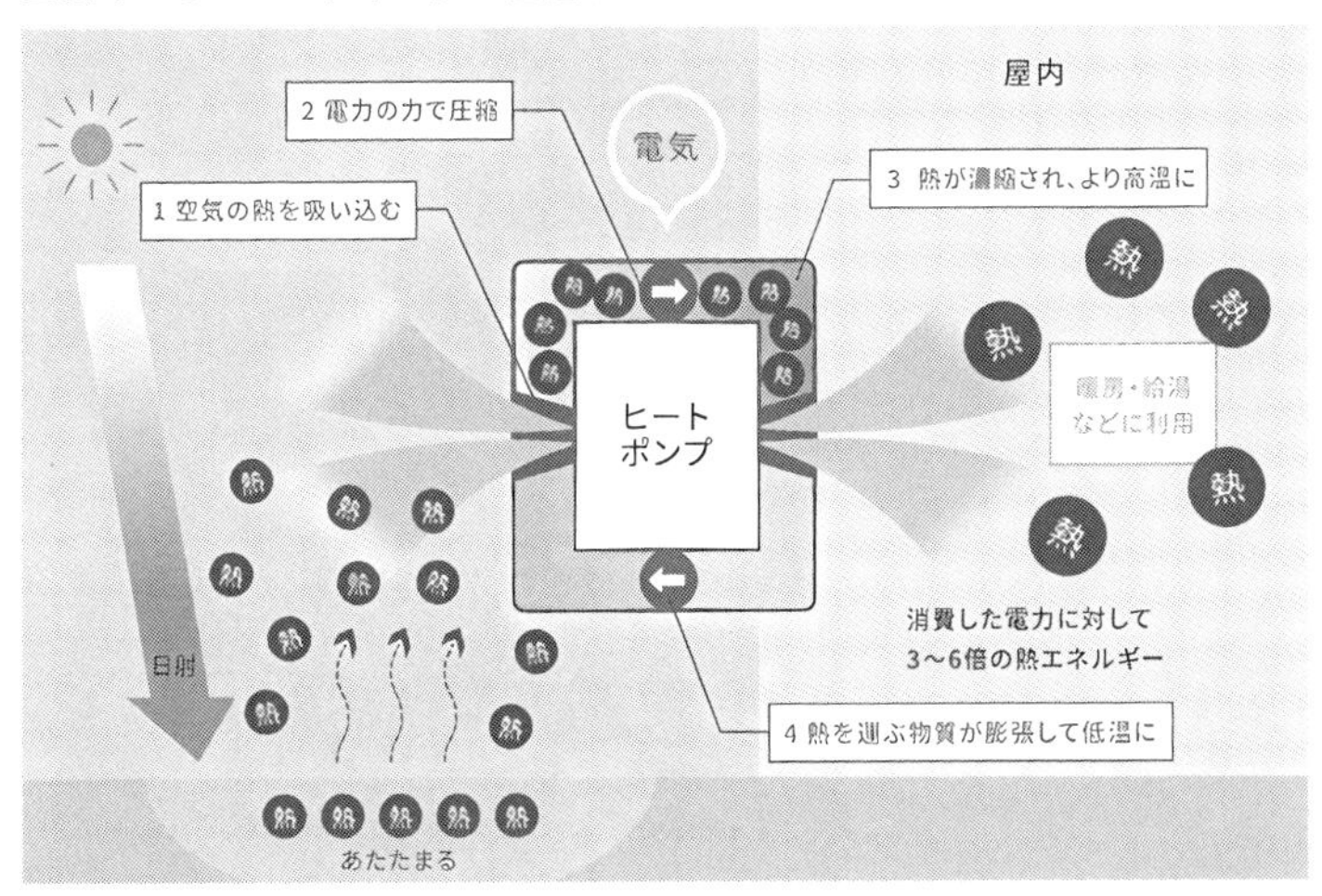

出所：東京電力エナジーパートナー

を凝らしたタイプや、お湯だけでなく工業用の100℃以上の熱水を作る技術など、より普及が進む取り組みも研究されているようです。現在、東京エリアでは、販売が開始されている昼間の余剰太陽光でお湯を沸かす「おひさまエコキュート」の全国展開なども期待です。

家庭内のエネルギー消費は、電気がほぼ半分です。次に、ガス、灯油という順になっています（図表4-7）。2050年カーボンニュートラルの観点でも、まずは全体の省エネをし、電力以外のエネルギーを電化したうえで電力に変えた部分を再エネにすることが大事です。北海道では、オール電化の中でもエコ替えが推奨されており、エコキュートやヒートポンプを使用した高効率の空調への切り替え、雪が少なく日射も良い帯広市などでは、太陽光発電の設置も推奨されています。従来の電気をかなり使う蓄熱暖房方式の家庭では、冬の電気代の負担も大きくなっています。

図表4－7　家庭部門におけるエネルギー源別消費の推移

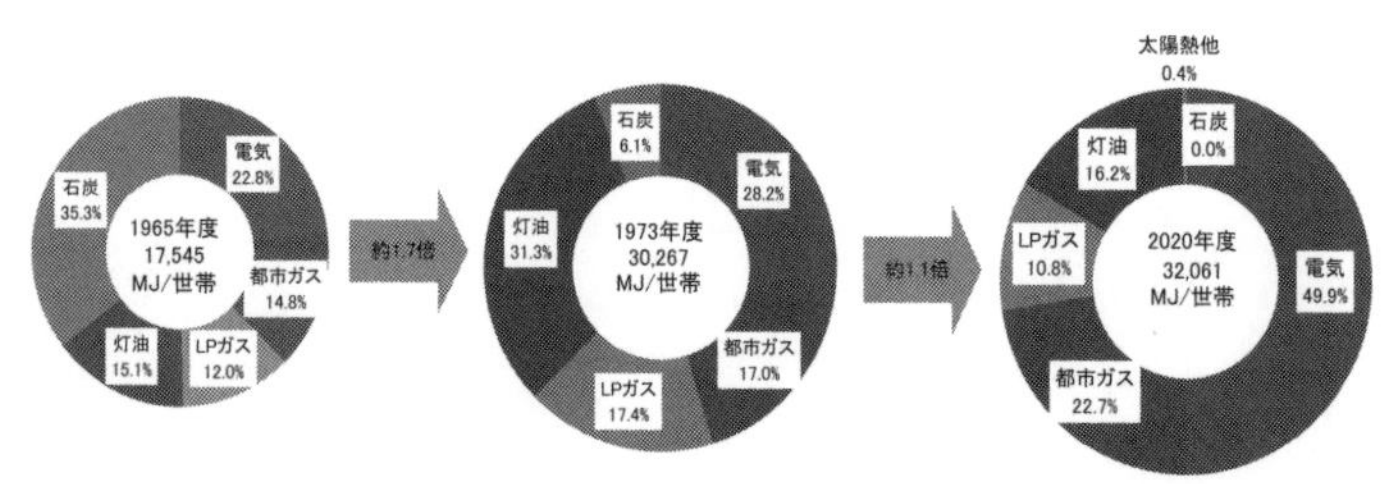

出所：経済産業省資源エネルギー庁

日本の住宅性能の現状とこれから

日本は、世界に比べて住宅性能が遅れています。UA値とは、どれくらい熱が外に逃げやすいかを表していますので、数値が低いほうが、断熱性能が高いといえます。図表4-8を見ていただいてわかるように、日本は、欧米諸国に比べて断熱性能が飛び抜けて低いのです。米国やフランスでは、この断熱性能をクリアしていないと建物を建てられない義務基準なのに対し、日本は推奨基準にとどまっています。断熱性能が低いことは、空調などのエネルギーを多く使うだけでなく、住宅内で暖房している部屋と、そうでない部屋の間に温度差ができることでヒートショックを引き起こすなどのデメリットもあります。WHOでは、室内の温度を18℃以上に保つことを強く推奨しています。

そのようななか、ようやく日本でも2025年4月からすべての新築住宅と非住宅に省エネ基準適合化が義務付けられます。筆者もその署名活動に賛同して署名をしました。2022年から夏と冬に多くの小売り電気事業者による省エネプログラムが始まりました。需給がひっ迫しそうな決められた時間帯に需要家に対して省エネをお願いするというものでしたが、2023年に入ってから根本的に需要家を省エネ体質にする取り組みが始まっています。例えば、前述したように東京電力では、空調の掃除サービスや、おひさまエコキュートの設置に対してギフトカードをプレゼントするサービス、熱が逃げてしまう大きな要因になっている窓枠のリフォームをサポートするサービスなどがあります。

東京都でも2025年から新築戸建ての太陽光発電義務化が始まりますが、それに伴う補助金や、メーカーによる屋根の小さな住宅でも1枚から太陽光パネルをのせられるパワーコンディショナがパネルに内蔵されたタイプの開発などが進められています。住宅の省エネルギーは、カーボ

図表4－8　日本と世界の断熱基準

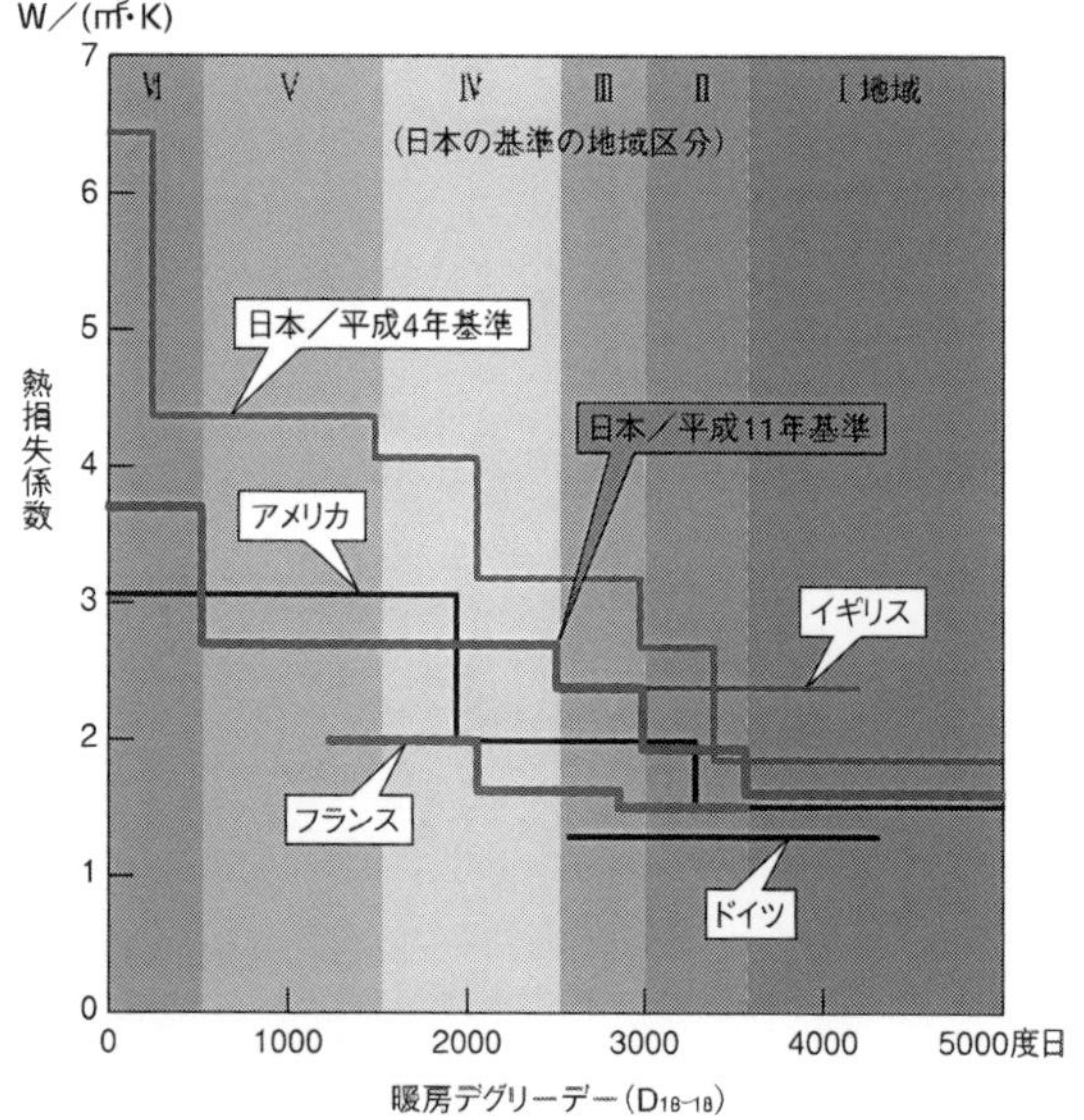

出所：日本建材・住宅設備産業協会

ンニュートラル達成にはとても大事なことです。

HEMS

HEMSとは、「Home Energy Manegemant System」の略語で、電力の見える化と一元管理を行ってくれます。

見える化とは、モニターやスマートフォンのアプリに詳しい電力使用量がリアルタイムで表示されます。いつ、どの部屋の、どの器具が電力をどれくらい使っているかがわかります。

一元管理とは、家庭内の電気機器をスマートフォンや操作盤で行えることです。例えば、エアコンのスイッチや、帰宅時間に合わせて風呂のお湯張りを外出先からスマートフォン操作で行うことができます。さらに、電気代が安い時間帯、高い時間帯を見極めて電子機器を自動制御すれば、電気代をお得に使用することもでき、太陽光発電や蓄電池、EVを使う方は、自家消費率を高めて、お得にかつ日本の電力需給バランスにも貢献することができます。

住宅の太陽光を設置されている方で10キロワット以下の場合は、FIT申請時に余剰売電となっています。住宅用のFITが初めて適用されたのは2009年なので、2019年から「卒FIT」といい、FIT価格での固定価格買取期間が満了した方が出てきています。卒F

ＩＴを迎えた方は、地域の電力会社や新電力へ売電をしているかと思います。ＦＩＴ価格からすれば5分の1くらいの価格になっている方もいるでしょう。しかし、太陽光が発電していない時間や、足りない電気は電力会社から購入しますが、購入する電気のほうが、単価が高いという事態が起こっています。２０２３年6月から7社のみなし小売り電気事業者の低圧規制料金も値上げとなり、東京エリアでは、購入する電気の平均価格は約37円（同月時点）です。つまり、安い価格で売って高い価格で電気を買うなら、太陽光発電の余剰を出さずに、できるだけ自家消費をしたほうが得なのです。しかし、電気は発電されたものを、そのときに使わなくてはなりません。そこで、蓄電池やＥＶ、エコキュートなどをうまく活用し、余っている時間に蓄電や機器も稼働させることで時間をずらすことが大事です。それを人が手動で動かすと忘れますし大変です。そこをＨＥＭＳに自動で経済的に家中の機器を動かすなど一元管理してもらうので、とても便利です。

脱炭素先行地域

２０５０年カーボンニュートラルに向けて、「脱炭素先行地域」という自治体ごとの取り組みをロールモデルにし、選定する取り組みが行われています。２０３０年には、家庭などの民生部門とオフィスなどの業務部門の電力消費に伴うCO_2排出量を実質ゼロにする取り組みを選定します。地方自治体や地元企業・金融機関が中心となって地域の課題を解決しながら脱炭素を行う、全国のモデルとなるような取り組みが少なくとも100カ所選定される予定です。第4回までに全国36道府県95市町村の74提案が選定されています。選考の基準は、先進的で今までの選定にないモデルか、2030年の電力部門CO_2排出ゼロについて現実的な計画か、地域の特性を活かす、または課題解決に資するかなどいろいろな観点から選考が行われているようです。第3回からは「重点選定モデル」というものが定められました。関係省庁と連携した施策間連携、複数の地方公共団体が連携した地域間連携、地域版GXに貢献する取り組みという自営線を活用したマイクログリッド、産業や物流部門も組み込んだ民生部門の電力以外の温室効果ガス削減の取り組み、生物多様性の保全・資源循環との統合的な取り組みというテーマが挙げられました。

筆者は、第1回に選定された岡山県真庭市へ見学に行ってきました。真庭市は、岡山県の上部にあり、中国地方の内陸にあります。森林が面積の8割を占めており、森林を中心とした環境と経済が両立する森林整備、木材・バイオマス産業の構築を推進しています。林業を整備し、木材産業や集成材や直交集成板（CLT）を活用した建設業との提携、さらに廃材や間伐材を活用したバイオマス発電を行い、地域の循環を確立しています。

真庭市は、平成の大合併のときに9町村が合併してできた市です。面積は香川県の約半分もありますが、人口は約4万人と非常に少ないです。高速道路ができたことでアクセスが便利になった半面、人口の流出もあり、人口減少が課題となっています。

真庭市は、森林の6割が人工林であり、林業が盛んです。ヒノキの生産量は全国第3位です。そして、市の産業の約3割は、木材を活用した集成材やCLT産業で成り立っています。林業で立派な樹を育てるには、間引きをしなくてはなりません。間引きをした木をそのまま放置しておくと、雨などの災害があったときに川を堰き止めてしまうなどの弊害がありました。また、伐った木を木材として活用するには、使える部分だけを綺麗に伐り採るため、木の半分ほどしか活用ができず、残りは廃材として処分されてしまいます。

その間伐材や廃材となった部分を、どうにか有効活用できないかと始まったのが木質バイオマス発電です。2008年度に未利用材や製材所で発生する樹皮を利活用することを目的として、真庭木材事業協同組合の真庭バイオマス集積基地が建設されました。全国初の木質バイオマス原料である木材の安定供給に向けた拠点で、地域内の未利用材の受け皿として機能しています。毎日たくさんの木材が運ばれてきて、その後、バイオマスチップとして活用できるまで乾燥させたり、砕いたりする場所です。その燃料は、近くにあるバイオマス発電所へ運ばれて発電に使われています。この集積場ができるまでは約1億円をかけて廃材を処分していたそうですが、バイオマス燃料として買い取りすることで14億円もの経済効果があるとのことです。

真庭市にある銘建工業では、木材を活用した集成材やCLTを作り、それを活用した建設業を行っています。集成材とは、製材された板あるいは小角材などを乾燥し、節や割れなどの欠点の部分を取り除き、繊維方向を揃えて接着剤で接着して作る木質材料のことです。CLTとは、「Cross Laminated Timiber」の略語で、繊維方向が直交するように積層接着した木質系材料です。欧州で発達し、中層住宅の材料として使用されています。建築の構造材のほか、土木用材や家具などにも使用されています。2016年4月、建築基準法に基づく告示が交付・施行されたことより、構造材として使用することが可能となりました。銘建工業で作るCLTは、5メートルから12メートルの大きなものまであり、銘建工業本社屋の屋根にも使われています。真庭市役所前には、CLTを活用し、日本で初めて建築物の認定を受けたバス停留所の木造小屋があります。銘建工業の本社は、集成材やCLTがふんだんに使われた吹き抜けのオシャレな木材のオフィスであり、全国から真庭市の環境経済循環に惹かれ、銘建工業に入社希望の学生さんが来られるそうです。

銘建工業では、バイオマス事業も行っており、前述したバイオマス発電所の運営や、そこで使う木材チップやペレットを作る事業も行っています。木材を余すところなく使用し、発電にも使うことで資源の有効活用をしています。さらに、真庭市のこういった取り組みをバイオマスツアーとして外部の方に見学に来ていただくことで、広報活動を行い、過疎化対策として移住者も増やしていく取り組みを行っています。

林業の課題としては、後継者不足が挙げられます。現在、伐採どきの10齢級（1齢級が5年なので50年）の森林が多いですが、それよりも年を取っている11～13齢級の木が多いです。木は、大きくなればなるほど良い気がしますが、実はそうでもなく、木材として使われる木は12センチ×12センチと規格が決まっています。そのため、大きくなればなるほど無駄になる部分も増えることで逆に値下がりしてしまうのです。では、なぜ11齢級以上の木を伐採しないのかというと後継者不足で伐採する人がいないのだそうです。また、現在3齢級までの木も極端に少なく、植林も行っていく必要があります。真庭市では、そうした課題を市

図表４－９　バイオマス事業も手掛ける銘建工業にて

出所：筆者撮影

役所と民間でも受け止め、移住者を増やすためのコミュニティを作ったりしています。

マイクログリッド

マイクログリッドとは、原子力や火力などの大規模発電所の電力供給に頼らず、限られたコミュニティでエネルギー供給源と消費施設を持ち地産地消を目指す、小規模なエネルギーネットワークのことです。具体的には、地域内の太陽光発電所や風力発電所に大型蓄電池などの調整力を導入し、自治体などの公共施設群や民間の施設群を需要として、エリア内でできる限りエネルギー供給率を高めます。マイクログリッドを構成するメリットは、上流系統からの電力供給が途絶え停電したときに、解列（系統から切り離された）点を開いてマイクログリッドの範囲内だけでの電力供給が可能となることです。その中にどのくらいの発電設備を置くか、調整力となる蓄電池を置くか、需要家があるかによって、何日間、独立して電力供給が可能か、どの程度の負荷で電力が使えるかが変わってきます。大体は災害時を想定しているため、3日間程度、空調や照明、コンセントが使える設計で発電と蓄電池を導入することが多いです。とはいえ、発電設備や蓄電池の導入にはお金がかかるため、平常時も需給調整を行い、自家消費を増やすことで、経済性や再エネ価値があるなどメリットを享受できる設計にすることが大事です。

マイクログリッドには、経済産業省が主導する送配電会社の系統線を利用するものか、環境省が主導する新たに電線を建設する自営線（自前で設置した電線）マイクログリッドの2種類があります。それぞれの事例を見てみましょう。

系統線利用の来間島マイクログリッド

沖縄県宮古島市の来間島は、沖縄本島の南西約300キロに位置する宮古島と来間大橋でつながった離島で、人口は約160人です。沖縄県は離島が多く、台風も多いです。年間に一度や二度は各家庭でも停電することがあるようで、家庭に発電機があることも珍しくないようです。来間島マイクログリッド事業は、沖縄電力、ネクステムズ、宮古島未来エネルギー、宮古島市でコンソーシアム（共同事業体）を作り、事業が開始されています。系統線を活用するマイクログリッドでは、地域の送配電事業者、事業を運営する会社、自治体の前向きな姿勢が必須となります。

来間島マイクログリッドは、380キロワットの太陽光発電所があり、需給調整用のテスラメガパックが800キロワット時の蓄電池があります。さらに、島内の住宅に太陽光パネル、蓄電池、エコキュートを、第三者モデルを活用して無償で設置しています（図表4－10）。住民の方は負担がなく、普段は太陽光で発電した電気を使えるうえに、非常時で停電した際は、家庭で発電された電気や蓄電池に貯められた電気を使うことができます。来間島も台風が多く年に数回は停電するようですが、宮古島にある火力発電所からみて電力系統の末端にあるため、復旧が遅くなるそうです。島には、橋に掛かるケーブルから電力が送られてきていますが、災害時には、島の入り口にある解列点の開閉器を開き、島内部だけのグリッドを構成します。そうすること

図表4－10　来間島マイクログリッドの電力供給イメージ

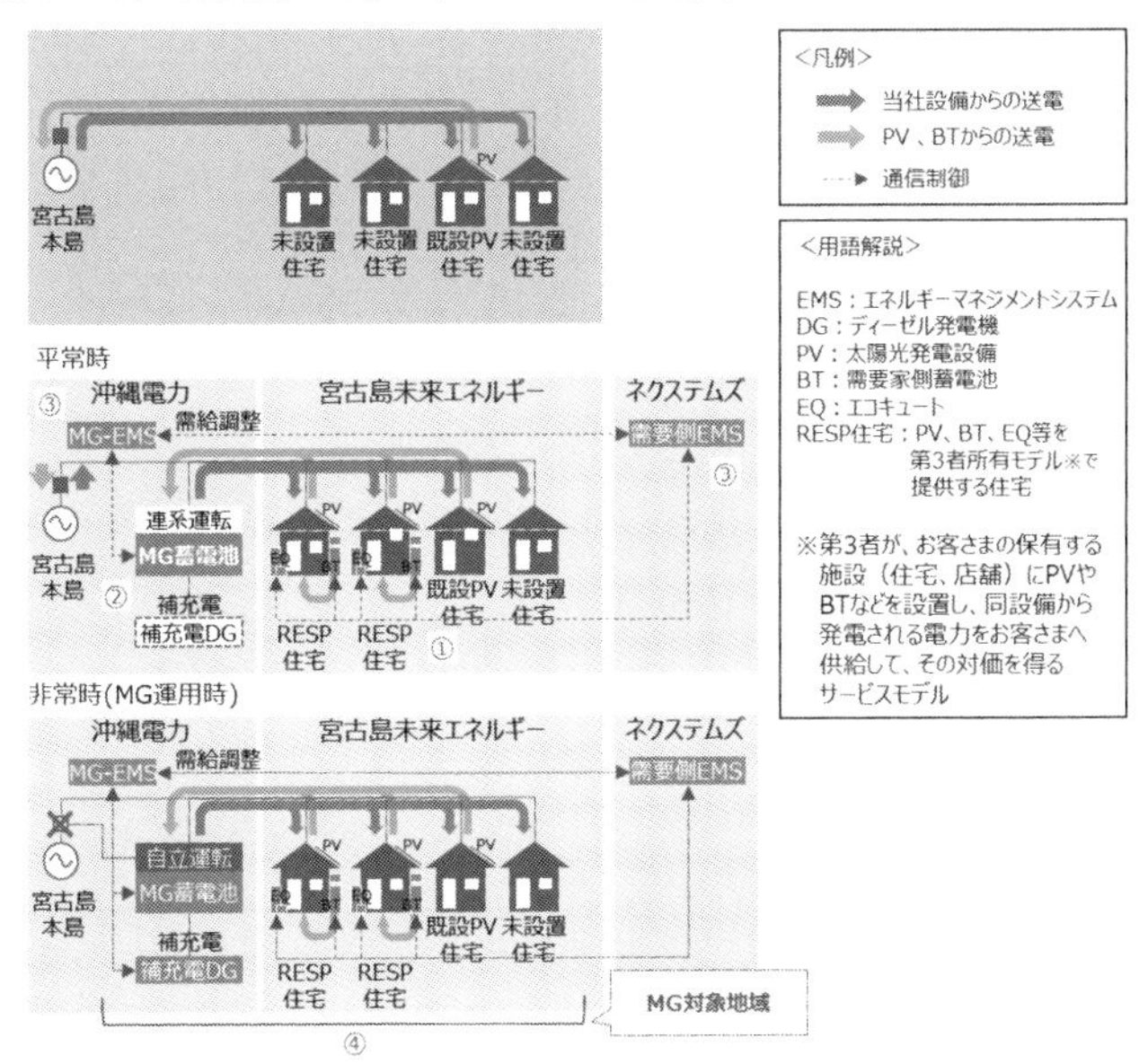

出所：沖縄電力

で、限られた施設にはなるかもしれませんが、電力を使うことができます。島とつながった系統と解列する、マイクログリッドを構成する際には、地元の沖縄電力や自治体とあらかじめ決められた手順に沿って、開閉器を開放することになります。

自営線活用の小城市

佐賀県小城市の市庁舎では、自営線マイクログリッドを構築しています。近年、小城市では、台風による災害が多く多発しており、ＢＣＰ（事業継続計画）対策が課題となっていました。自治体市庁舎では、72時間の非常用発電機を設置していることが基準となっていますが、小城市では、数時間しか持たない設備しか持ち合わせていませんでした。そこで、ＢＣＰ対策の検討をした際に、太陽光発電と大型蓄電池を設置し、さらに自営線を構築して隣の市営の施設にも電力を供給できるようにしたことで、通常時の電力供給を再エネにすることと非常時の対策もできるようになったのです。

小城市では、太陽光発電と蓄電池を導入する際に、市庁舎内の省エネも見直しをしました。照明のＬＥＤ（発光ダイオード）化と空調設備の高効率化も同時に補助金を活用し行ったことで、設置した再エネの自家消費率をアップさせました。小城市庁舎は「オフグリッド」といい、系統からの電力を購入しない設計になっています。これはすごいことで、通常、再エネや蓄電池を設置しても電力を多く使う時間は系統から電力を買っています。小城市庁舎では、再エネ、蓄電池の導入と省エネを行うこと、さらには自営線を活用した隣の施設からの電力融通機能も含めて、系統からの電力を購入しないで済むような設計になっています。これにより電力会社との契約を打ち切ったため、基本料金や従量料金もかからなくなり、コスト削減もできたそうです。冬の寒い時期で太陽光の発電量も低いときは、自家消費分だけでは足りないこともあるようですが、そのときは自営線でつながった隣の低圧施設から電力を融通することで、賄うことができます。

図表４－11　小城市役所前にて

出所：筆者撮影

太陽光発電の異常

太陽光発電は、2030年には電源構成の36～38％、容量では3360億～3530億キロワット時という、今の倍くらいの容量にするとの目標が立てられています。そのようななかで、発電所の保安をする電気主任技術者や技術員の方は人数が減っています。

そこで、実際に導入に向けて実証や導入が行われつつあるのがドローン点検や先端技術とDX（デジタルトランスフォーメーション）を活用した遠隔点検です。

太陽光発電所は、設備容量が50キロワット以上の高圧に関しては年2回以上の法定点検が義務付けられています。キュービクルの保守点検のほかに、パネルや接続箱、パワーコンディショナ、発電所の敷地の中に異常がないかも確認する必要があります。太陽光パネルは、屋外にあることから、鳥のフンや砂などで汚れたり、何かの飛来物や災害によって割れてしまうこともあります。ほかにも何らかの影響で目に見えない欠陥があり、発熱してしまうホットスポット現象やクラスタ故障につながったり、回路のショートによる発電不良も起こり得ます。

太陽光パネルの不具合で発電不良の予備軍になるホットスポット現象とは、太陽光パネルの一部の抵抗値が上がり発熱してしまう現象をいいます。いろいろな理由がありますが、汚れや雑草、電柱やアンテナなど局所的なものの影などで発熱してしまうこともあります。影ができた状態が長期間続くと、光の遮断された部分の太陽電池モジュールのセルは抵抗が大きくなり、電流を妨げ抵抗による損失となって発熱してしまいます。通常は、バイパスダイオードという影を遠回りして飛ばしてくれるような機能が取り付けられていますので、回避できる設計になっていますが、ホットスポットを放置しておくと最悪の場合に発火する恐れもあります。

しかし、特に影がなくてもホットスポットができている場合があり、それらはクラスタ故障を起こしていることがあります。クラスタとはまとまりのことで、太陽光パネルは一番小さい単位のセルが集まり、セルが20~30個集まってクラスタを形成し、さらに3つのクラスタが集まって1枚のパネルになっています。目に見えないホットスポットがある場合は、パネル内部の接続不良などの初期不良のこともあります。それを放置しておくと不具合が進行し、クラスタ断線を起こし、クラスタ全体が発熱してしまい発電量が低下するケースもあります。さらに先ほど説明したホットスポットを回避するためのバイパスダイオードが故障している場合もあり、そのときはパネルが1枚まるごと発電していないケースもあります。パネルの裏側には回線が配線されており、落雷や経年劣化でパイパスダイオードの回線が短絡してしまっていると、配線をまとめているジャンクションボックスが発熱するなどの異常があります。

先端技術のドローン点検

こういった異常を放置しておくと、発電量が低下し発電所の収益に関わるだけでなく、事故につながることもあるため、早めの対策を行うようにするべきです。

とはいえ、目に見える汚れや影があれば対策はできますが、見た目には特に異常がないのにホットスポットができていることもあります。また、高圧で点検をするような大きな太陽光発電所では1枚、1枚目視で確認していたら時間や人でもかかるうえに、見逃すこともあるでしょう。そのときに便利なのがドローン点検や、特殊な計測装置を付けた遠隔点検です。電気主任技術者の人手不足もいわれていますので、業務の効率化は、今後の業界の働き方改善のためにも大事になります。

まず、ドローン点検は、ホットスポットを発見するのに打ってつけです。太陽光パネルの故障は発熱していることが予備軍となり、それがきっかけで発電不良がわかることも多いですが、目視でわからない場合はパネル1枚、1枚をI-Vカーブ測定器などの特殊な測定器で検査していかなくてはなりません。業務用のドローンのカメラは、かなり性能も高く、太陽光発電の様子を映し出して状況を確認するには十分な解像度であり、さらに赤外線カメラを付けることでホットスポットが、どこにあるかが一目瞭然でわかります。ドローンは、飛ばすのに操縦者の方は免許が要りますが、10時間程度の飛行訓練と筆記試験で取ることができます。ドローンとカメラは数百万円することもありますが、今後、ドローンの躍進によりさらに安価になることも期待されます。点検時のドローンの操縦自体はほぼすることはなく、グーグルマップに合わせて飛行する場所を指でなぞってインプットすれば、プログラムによって自動で飛行してくれます。リアルタイムでカメラの映像が見れるうえに、ホットスポットなどの異常がある場所は、写真を撮って、あとで報告書に使うこともできます。筆者が以前、撮影に伺った大阪府堺市の堺太陽光発電所は10メガワットの容量があり、広さは21ヘクタール、パネル枚数は7・4万枚と広大です。点検を行っているかんでんエンジニアリングによ

図表４－12　太陽光発電所点検用の赤外線カメラ搭載のドローン

出所：筆者撮影

れば、歩いて1枚ずつパネルを点検したら1週間はかかるとのことでした。そこで、この発電所では、ドローン点検を試験的に運用し、その他の発電所でも展開していこうとしているとのことでした。

次に、最新鋭の技術を導入した点検技術についてです。山梨県甲府市の米倉山太陽光発電所でヒラソルエナジーが太陽光パネルに独自のセンサーを取り付けているところに取材をしました。この技術は、太陽光パネルを連結させた仕組みを考えて作られたもので、パネル1枚ごとに付けられた特殊なセンサーに、パネル1枚ごとにすべて微妙に違う電流信号を流します。そうすることで、どのパネルに何らかの異常があるかがわかるとのことです。異常があると思われるパネルは、パスコン上の画面に表示され、発電所の敷地の、どのパネルかが一目瞭然でわかります。異常の内容は、現地で見て確認はしますが、

図表4－13　ヒラソルエナジーの太陽光パネル1枚ずつに取り付けるセンサー

出所：筆者撮影

現在は、電流の形からどのような異常が起こっているかも特定できるシステムを開発しているとのことです。

ヒラソルエナジーのサービスは、太陽光発電所のパネルに取り付けることで異常が遠隔でもわかることや、発電所を売却したいときの評価にも使えるとのことです。太陽光発電所を投資目的で所有している場合は、売電量が収益に大きく影響します。この技術を使えば、どのパネルで異常起こっているかがすぐにわかるので、交換すべきパネルも早期発見できるうえにあらかじめ特定ができます。今までどおりの手順であれば、発電事業者が発電量の低下に気づき、業者に現地調査を依頼し、現地で目視や機械を使った測定を行い、異常パネルを特定して交換の手続きを行います。交換までに時間がかかり、その間も発電収入は減っている状態です。収入を落とさないためにも役立つ技術であるうえに、太陽光発電所も増えていくなかで、現場の作業をする方やメンテナンスをする方が減っており、その人口減少をカバーしながら再エネを広めていくために活用していきたい技術です。

電力保安のサイバーセキュリティ

サイバーセキュリティとは、パソコンや会社のシステムなどで導入されているものですが、情報の機密性や完全性、可用性を確保することと定義されています。電力の管理や保守保安が高度化していくことでデジタル化され、今まで発電所や変電所などの機密情報を持つ場所が外の世界とネットワークでつながっていきます。近年、サイバーテロというものも起こっており、ネットワークに侵入されることで遠隔から機器を制御しているシステムに異常を起こさせたり、データを抜き取るなどの攻撃をすることが可能になりました。過去には、海外で製鉄所の制御システムに侵入し、不正操作をされて生産設備が損傷した事件や、変電所へのサイバー攻撃では変電所が遠隔制御され、数万世帯が3~6時間も停電する事件も起きています。米国では、石油のパイプラインへのサイバー攻撃により石油の輸送が停止した事例もあり、こういった世界の事件から日本でも保安規定が見直され、サイバーセキュリティの確保が行われました。電気主任技術者が足りなくなるという問題とも関連しており、スマート保安が導入されていったり、太陽光や風力発電などの再エネ導入や遠隔監視が拡大されるなかで、外部から監視ができたり、デジタル化したことでパソコンから制御ができたり、ほぼ自動で制御できることが便利な半面、インフラに外部からサイバー攻撃されることも想定しないといけないのです。

２０２２年10月から電気設備技術基準のサイバーセキュリティに関する項目が強化され、今までは一般送配電事業者や送電事業、配電事業、特定送配電事業、発電事業といった事業用電気工作物には、サイバーセキュリティが義務付けられていましたが、今後は自家用電気工作物を含むすべての事業用電気工作物に義務付けることになりました。つまり、高圧の物件すべてがサイバーセキュリティの対象となりました。海外では、製鉄所や産業施設へのサイバー攻撃も発生しており、中小企業でも電気保安のスマート化に対応し、波及事故なども防ぐために対策が必要と判断されたようです。

サイバーセキュリティは、大事な問題であり、電験三種の試験でも新しく分野に含めるということが公開されています。電力保安は、電気設備の点検だけではなく、システムの監視などサイバーセキュリティに関することも大事になってくるでしょう。

Column

配電ライセンス

配電ライセンスとは、一般送配電事業者が所有する配電網を使って、一般送配電事業者ではない会社が配電事業を行うためのライセンスです。配電事業を行いたい新規事業者は、国に許可をもらう必要があります。２０２２年４月に解禁されましたが、２０２３年10月現在まだ名乗りを上げている事業者はいません。

配電事業を行うとは、一般送配電事業者が行っていることを、とあるエリアですべて行うことになります。基本的には、料金設計以外は変わらず、業務内容は同じです。つまり、供給計画や接続検討対応などの計画業務、需給の計画提出や需給調整のための調整力の確保、リアルタイムで

図表４－14　倒壊した電柱

出所：筆者撮影

の周波数や電圧が変動するものを調整して維持管理も行います。さらには、配電線での不具合があった場合や、地震などの天災での災害時に、緊急出動をしていち早く停電や事故の復旧を行う必要があります（図表４－14）。現在は一般送配電事業者が事故対応などを行ってくれていますが、そういった対応も今まで配電業務に従事したことがなかった新規事業者が行うこととなり、訓練や緊急時の体制を作ることも必要になります。

配電事業を行う候補の業種としては、工事業者、ガスや通信などのインフラ事業者など似通った業種が有力とはいわれていますが、今まで開放されていなかった配電事業を新規で取り組むのは難易度が高く、新規参入を名乗る事業者がいないのが実態です。

系統用蓄電池

系統用蓄電池とは、電力系統の再エネ発電所などに接続し、再エネの出力変動を平準化したり、需給バランスの調整や、周波数や電圧の制御を行うことで、系統の安定のために運用される大型蓄電池のことです。蓄電池は、需要側につないで、ピークカットや電気代の削減、再エネの有効活用などに使われることが一般的でしたが、系統用蓄電池は、系統のバランスをとることで電力の安定供給を目的としています。第６次エネルギー基本計画の中では、２０３０年に向けて再エネの導入を拡大するため、系統用蓄電池の電気事業法への位置付けの明確化に取り組むという方針が示されました。需給調整を行うものとしては、揚水発電が挙げられ、系統用蓄電池も同様の働きをすることから、10メガワット以上の系統用蓄電池は発電事業に位置付けられています。それに伴い、保安規制や電気主任技術者の選任、検査や事故報告のルールなどについての規制措置が検討されています。

系統用蓄電池に使用される大型蓄電池にも、いろいろな種類があります（図表4-15）。テスラメガパックでおなじみのリチウムイオン電池、日本ガイシのNAS（ナス）電池、住友電気工業のレドックスフロー電池、ニッケル水素電池、鉛蓄電池などの種類があります。（表）運転時の温度や、蓄電池自体の大きさ、充放電のサイクル数などに違いがあり、置く場所や導入する目的によっても選定が異なってきます。同じ需給調整をするにしても、まとまった量の充放電をすることで、おおまかな需給調整をするのか、細かな蓄電と吐き出しを繰り返すことで細かな周波数調整を行うことができるかも異なってきます。

NAS電池の事例では、九州電力が日本ガイシによって製造された出力5万キロワット、容量30万キロワット時相当のNAS電池を導入し、福岡県豊前市の豊前蓄電池変電所として設置した事例があります。NAS電池は、負極にナトリウム、正極に硫黄を使っており、両電極を隔てる電解液にはファインセラミックスを使用しています。希少金属を使わない純国産の電池

図表4－15　各種大型蓄電池の比較

電池の種類	鉛	ニッケル水素	リチウムイオン	NAS（ナトリウム硫黄）	レドックスフロー	溶融塩
コンパクト化（エネルギー密度：Wh/kg）	× 35	△ 60	◎ 200	○ 130	× 10	◎ 290
コスト（円／kwh）	5万円	10万円	20万円	4万円	評価中	評価中
大容量化	○ ～Mw級	○ ～Mw級	○ 通常1Mw級まで	◎ Mw級以上	◎ Mw級以上	評価中
充電状態の正確な計測・監視	△	△	△	△	◎	△
安全性	○	○	△	△	◎	◎
資源	○	△	○	◎	△	◎
運転時における加温の必要性	なし	なし	なし	有り （≧300℃）	なし	有り （≧50℃）
寿命（サイクル数）	17年 3,150回	5～7年 2,000回	6～10年 3,500回	15年 4,500回	6～10年 制限無し	評価中

出所：経済産業省蓄電池戦略プロジェクトチーム「蓄電池戦略」

であり、フル充電をしても容量の劣化が少ないことや、貯めている電気が自然に減っていく自己放電がしづらいという特徴があります。九州地方では、電力系統に接続している太陽光発電は2023年3月末時点で10・9ギガワットにも上ります。太陽光の発電量は、気候に左右されてしまいコントロールができないため、需要が少ないときは出力制御がかかり、せっかく発電した再エネ電力も無駄になってしまいます。そこで、系統に大容量蓄電池を置くことで、余った電気を蓄電し、再エネの出力制御量や出力制御時間を減らすことを目的に設置されました。実証の結果では、1日あたり最大30万キロワット時の出力制御を回避できています。

レドックスフロー電池の事例では、北海道勇払郡安平町

図表4－16　南早来変電所内にある
レドックスフロー電池のタンク

出所：筆者撮影

にある北海道電力の南早来変電所において2回に分けてレドックスフロー電池の実証が行われ、実証が終わった今も活躍しています。1回目は、住友電気工業の出力1万5000キロワット、容量6万キロワット時のレドックスフロー電池が設置され、大きな建物の中にバナジウムのタンクや電池本体であるセルスタックがずらっと並んでおり、電池というよりは工場のような光景でした（図表4-16）。2回目は、同じく住友電気工業の出力1万7000キロワット、容量5・1万キロワット時の設置が容易になったコンテナ型のレドックスフロー電池が設置されました。北海道は、系統全体の最大需要が約550万キロワットと需要規模が小さいにもかかわらず、太陽光や風力発電が年々増加しています。再エネの変動を吸収できなければ、新しい再エネを系統に接続できなくなってしまうため、大型蓄電池で再エネの出力変動が電力系統与える影響を緩和するために導入されました。レドックスフロー電池は、充放電をしても理論上は電池が劣化しないという特長があり、再エネの細かな変動をカバーするために細かな充放電を繰り返した運用も可能です。再エネの出力が急激に変化した場合でも平準化できることが確認でき、今後の新規再エネの連携を目指していくとのことです。

Column

テスラとEV

筆者は、電気予報士なので、EVに乗っています。赤の「テスラモデル3」に乗っていますが、EVの運転が快適なことにびっくりしています。EVは当然ですが、エンジンがありませんので、バッテリーから供給された電気を使ってモーターの回転で走っています。エンジンの回転を待つ必要がないため、踏んだ瞬間に最大トルクが得られて加速がスムーズです。エンジンの排気音もせず、静かで快適です。さらには、エンジンがなく、すべて電気で稼働するため、エアコンをかけたまま車内泊をしてキャンプなんかもできてしまいます。自動車という面だけでなく、アクティビティとしても活用ができるのです。EVは、カーボンニュートラルのために必要ですが、車は生活必需品なので普及する必要があります。ですから運転が快適か、カッコイイか、充電は困らないか、値段は高すぎないかなど、使う人に寄り添った商品設計が大事です。

EVに関しては、まさに今、充電器抗争が起こっています。まずは充電速度の問題です。日本のEVは、急速充電の「CHAdeMO（チャデモ。「CHArge de MOve＝動く、進むためのチャージ」・「de＝電気」、「充電中にお茶でも」の3つの意味を含んでいます）規格」というものと、普通充電の「コネクター規格」というものがあります。国内にあるEV充電器に対応しているものです。

テスラの場合は、テスラ専用の差し込み型であり、テスラ専用の「テスラスーパーチャージャー」という充電器が使えます。テスラスーパーチャージャーは、出力が大きいため、通常の急速充電よりも格段に充電スピードが速く、30分も充電すれば充電が50％ほど回復します。テスラの場合は、通常の普通充電や急速充電の充電口は合いませんが、専用のアダプターがあるため、それを使用すれば充電することができます。また、200ボルトコンセントからの普通充電もアダプターを使用すれば可能です。

筆者は、賃貸マンションに住んでおり、自宅で充電ができないため、EVを購入する際に一番心配したのが充電でした。しかし、テスラスーパーチャージャーが使えるテスラのEVなら外出先の充電も短時間でできるため、この利便性も踏まえテスラを購入しました。最近では、フォードもテスラスーパーチャージャーを使えるようになるとのニュースもあり、利便性から車を選ぶという視点もEV戦争の中では大事になってくるでしょう。

充電器に関しては、ほかにも電気の質という点もあります。2050年カーボンニュートラルに向けて、証書を使うことで実質、再エネで充電できる会社もあります。再エネの出力制御が東京エリア以外でも始まりました。EVは、動く蓄電池としての役目を期待されていますので、出力制御される再エネを充電することで有効活用できるのが理想です。

太陽光発電から直接充電する仕組みや、それに使う場所をとれるか、金額的に現実的かなど、まだ技術的なものも含めた課題はありますが、構想は割とはっきり見えているので、あとは時間の問題でしょう。

ほかには利便性も大事です。会社の社用車をＥＶにし、社員の方に充電カードを配ることでＥＶ充電を一元管理できたり、そのＥＶ充電を非化石エネルギー１００％にすることもできるサービスもあります。大手企業では、温室効果ガスの排出量削減を求められており、社員の使う社有車も該当します。温室効果ガスの排出量を集計し、見える化するにはデータを集める必要がありますが、社員にガソリンやＥＶの充電情報の領収書を提出させ、毎月何リットル使

図表４－17　ＥＶ充電サービスのプラゴ・大川直樹社長と愛車「テスラモデル３」

出所：筆者撮影

ったか、電気の場合は充電設備の電力の排出係数を調べ、何キロワット時使ったかを報告させるなんてことは負担にもなります。EVは、カーボンニュートラルに対する意識の高い方が乗っていることが多いですが、法人の場合は報告するという先の行動も見据える必要があります。デジタル化されていて便利かというのも、大事な要素になります。

自動車も広く使われる準インフラですから、自国や他国、メーカー間での争いにより、口の利用者の利便性が落ちることは好ましくありません。充電口の抗争でもあるように、口のタイプが多かったり、使えないものがあることで、一番不利益をこうむるのはEVユーザーです。制限することで顧客を囲い込むのではなく、心地良いサービスをつくることで顧客に寄り添ったサービスができることにもつながるでしょう。例えば、筆者が使っている「Myプラゴ」というサービスは、月額980円でショッピングセンターなどにある指定の場所の普通充電が使い放題というサービスです。筆者は、ショッピングセンターに入っているジムに通っており、頻繁にその施設にEVで通っています。駐車場は予約もできるのでジムに行っている1～2時間、普通充電をしておくことで、少しずつではあるものの電気も貯められる便利なサービスです。このサービスを展開しているプラゴは、生活をデザインするEV充電サービスを手掛けており、社員の方も実際にEVに乗っていることで、これがあったらうれしいなどの顧客に寄り添ったサービスをつくっています。

水素

次世代エネルギーとして大きな期待をされているのが水素です。２０３０年度の温室効果ガス削減目標は、２０１３年度比で46％削減が課せられていますが、２０３０年時点で日本の全発電量の１％が水素・アンモニア発電に割り当てられています。同年時点の日本の総発電量と予想される約９４００億キロワット時に対して90億キロワット時に相当しますので、原子力発電１基分ほどの発電量が求められているわけです。

水素は、原子番号が１番であり、最も軽い原子です。水素は燃やしてもCO_2が出ず、カーボンニュートラルに向けても効果的です。さらに、燃料電池の仕組みである酸化還元反応を活用すれば、水素と酸素を結合させて電気を作ることもできます。このときも電気と水しか排出されないので、クリーンに電気を発電できます。さらに、水素は、化石燃料を直接燃やすよりも高温を発生させることができるため、電気だけではカーボンニュートラルが難しい直接に火力を使う分野でも活用が検討され、産業・運輸・発電、それぞれの部門において期待されています。

水素の特徴は、地球上に豊富に存在するということです。自然界に水素単体では存在しておらず、他の元素と結び付いています。水（H_2O）、アンモニア（NH_3）、天然ガスの主成分であるメタン（CH_4）などにも含まれており、さまざまな形で存在しています。つまり、そのまま存在しないため、いろいろな物質から水素を取り出すことで使用できます。水素の製造方法は多種多様ですが、主には水を電気分解して作る電解法、石炭や天然ガスを熱や触媒により構造を変化させて作る改質法があります。水素は、製造方法により呼び名があり、発電の過程でCO_2を排出しない再エネを使って電気分解したものを「グリーン水素」、原子力発電の電気を使って電気分解したものは「イエローまたはピンク水素」、化石燃料から作られたものでも製造過程で排出されたCO_2を二酸化炭素回収・貯留（CCS）や二酸化炭素回収・有効利用・貯留（CCUS）の技術で回収したり再利用したものは「ブルー水素」、そのままのものは「グレー水素」と呼ばれています。

改質法は、既に工業分野で広く利用されており、確立されている技術です。これを大規模化していったり、原料に安い褐炭を使ったりすることで水素の価格を抑えていくことが期待されています。褐炭とは、石炭の中でも水分含有率が高く燃えづらい石炭で、水分率が低くなると自然発火してしまうため輸送も難しいです。家庭用のエネファームも都市ガスから水素を作り出し発電を行うものですが、改質法を活用しています。

電解法では、水の電気分解を行い酸素と水素に分解をします。逆の反応が燃料電池といわれるもので、水素を空気中の酸素と反応させることで電気と水が発生します。燃料電池自動車に搭載されていたり、エネファームに使用されています。この仕組みを活用すれば、水素は、蓄電池のような役割をすることができます。現在、東京エリア以外では、再エネの出力制御が始まっており、せっかく発電した再エネも切り捨てられてしまっています。この余った再エネで水素を作れば、再エネのほぼ無料の電気でCO_2フリーな水素を作ることができ、再エネの有効活用もできます。さらに水素は、長期保存や長距離輸送が可能です。電気は、蓄電池に貯めることができますが、蓄電池に貯められるのは数週間単位です。水素であれば数カ月貯めておくこともでき、季節をまたいで電力の有効活用をしたり、輸送することで別の電力が足りない場所で活用することもできます。

再エネを活用してより効率良く水素を作るための水電解装置の開発が進められています。現在、実用化されている水電解装置には、強アルカリ溶液を活用するアルカリ型水電解装置と、純水とイオン交換膜を使用する固体高分子（ＰＥＭ）型水電解装置があります。

福島県浪江町の福島水素エネルギー研究フィールド（ＦＨ２Ｒ）では、アルカリ型の水電解装置が取り揃えられ、電力需給データなどを基に再エネなどから水素製造を最適化するための実証も行われています。ＰＥＭ型については、山梨県甲府市で新エネルギー・産業技術総合開発機構（ＮＥＤＯ）による実証が進められています。

筆者は、山梨県甲府市の米倉山にある、実用規模でのCO_2フリー水素のＰ２Ｇ（Power to

Gas）システム技術開発事業を行っている「やまなしハイドロジェンカンパニー（ＹＨＣ）」を訪問してきました。ＹＨＣは、山梨県と東京電力、東レが共同で立ち上げた、電化が難しい領域における化石燃料からのエネルギー転換を目標とした合弁会社です。カーボンニュートラルするに際し、電化が可能なものは電化して、脱炭素化を進めていくという方法がありますが、どうしても火力発電を使う必要があるものもあります。米倉山サイトで作られた水素を活用する計画には、サントリーの天然水を製造している南アルプス白州

図表４－18　水素のサプライチェーン

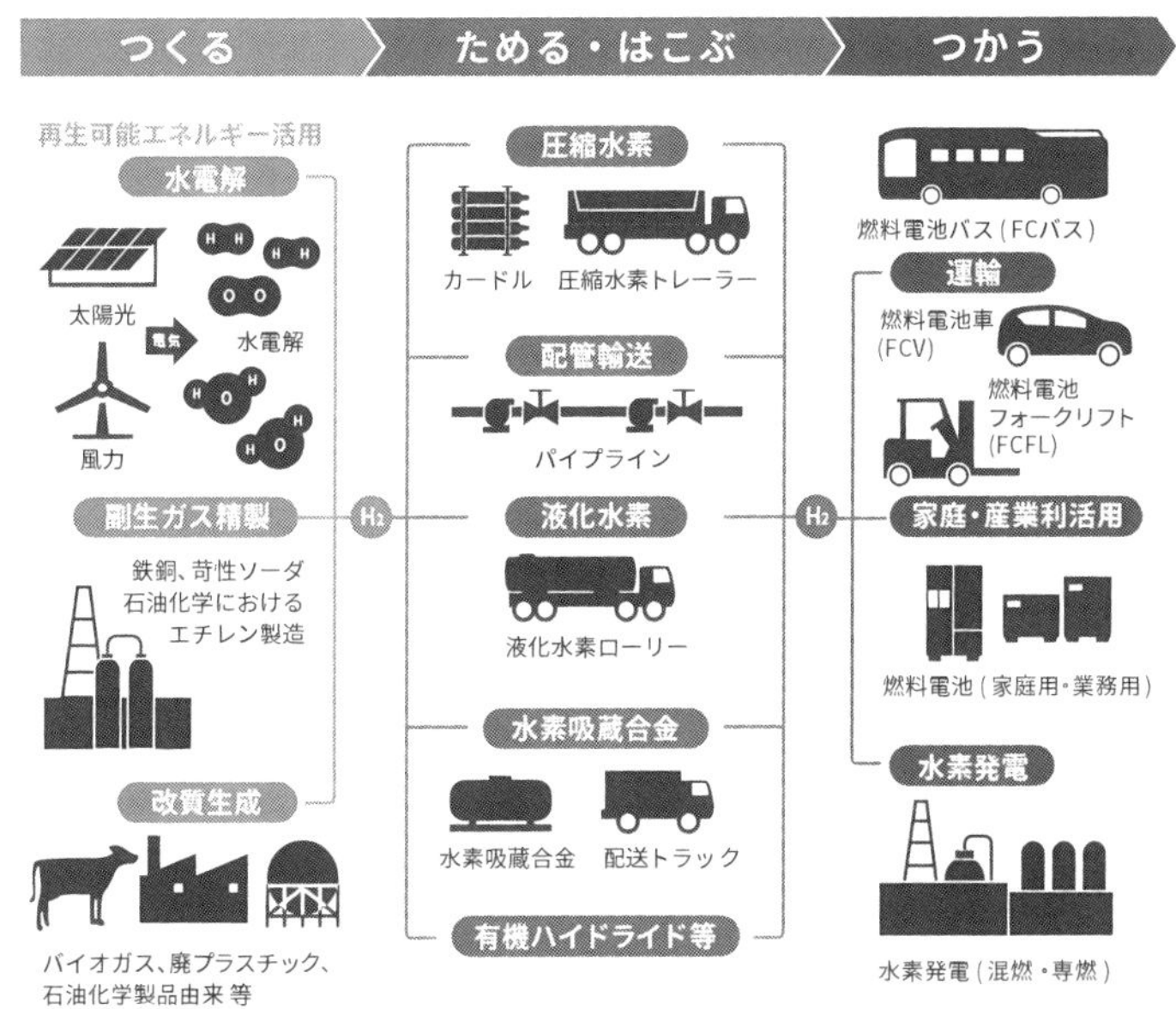

出所：ＮＥＤＯグリーンイノベーション基金

工場や、ウィスキーを蒸溜している白州蒸溜所で使われる熱エネルギーの燃料として、また上島珈琲（UCC）のコーヒー焙煎所で使う計画がありま す。米倉山サイトには、水素製造装置や研究所、メガソーラー、ゆめソーラー館やまなしといった啓発施設が隣接しています。米倉山の電力貯蔵技術研究サイト内では、NEDOの委託事業として、水電解装置による水素製造が行われています。山梨県内だけで見ると、再エネ供給は需要に対して多く、再エネの有効活用を視野に入れた取り組みです。製造された水素は、水素吸蔵合金（MH）タンクに貯められ（図表4-19）、製造した水素を需要家まで輸送するための水素出荷設備やトレーラー、純水素ボイラなどについても実証が行われています。

水素の課題はまだまだありますが、水素の量が追いついていないことと、価格が高いことが大きな課

図表4－19　YHCのMHタンクの前にて

出所：筆者撮影

題でしょう。再エネを活用した水素製造はとても魅力的ですが、水電解装置を再エネの近くに置いて製造をするには稼働率が低く、水電解装置を設置するまでのもとはとれません。再エネ出力制御が起こる原因としては、需要に対して供給過多になるケースもありますが、基幹系統が混雑していて電力を通せないというケースもあります。系統用蓄電池にもいえますが、再エネの集まる場所に水電解装置を設置したとしても、系統が混雑していたら電気は送られてきませんので、系統の空き容量とあわせて戦略的に水電解装置を設置していく必要があります。また、再エネを活用した水電解だけでは水素製造は間に合わず、化石燃料を活用した改質法、再エネや原子力でない電力での水電解ではCO_2を排出してしまいます。さらに、化石燃料を活用するとなれば、日本の大きな課題であるエネルギー自給率の拡大には寄与しません。

水素は、コストが高く、製造・輸送・発電に分けて考えたときに一番ネックとなっているのは輸送の部分です。水素の輸送方法は、高圧で圧縮、低温で液化、パイプラインで運ぶ、他の物質に変換するなどの方法があります。燃料電池自動車で使われているのが高圧タンクに詰めて運ぶ方式です。低温で液化するにはマイナス235℃まで冷やし温度を維持する必要がありますが、体積が800分の1になり、同じ体積でより多くの水素を運ぶことができます。パイプラインで輸送するのは効率的ですが、パイプラインを敷くのに莫大なコストがかかります。他の物質に変えるのは、トルエンと反応させてメチルシクロヘキサンに変えることで、常温常圧のまま体積を500分の1にする方法もあり、アンモニアに変えて運ぶ方法なども検討されています。

その際に、水素を活用するインフラ整備も必要となってきます。燃料電池自動車に乗るとしても、水素ステーションが近くになければ不便です。水素を混焼して火力発電に使用するにも、仕様を変える必要があります。これから水素を活用していくには、製造・貯蔵・輸送・供給・利用の連携を整える必要があります。

アンモニア

水素と同様に注目されているのがアンモニアです。アンモニアの分子式はNH_3と、水素（H）と窒素（N）からできています。燃やしてもCO_2が出ないということから、火力発電の燃料としても視野に入れた研究がなされ、現在の燃料である石炭やLNGと混ぜる混焼が始められ、最終的には専焼も視野に入れられています。アンモニアを混焼することの大きなメリットは、CO_2を排出しないということです。国内の主要な石炭火力発電所のすべてでアンモニアを20％混焼したとすると、約4000万トンのCO_2を削減できるといわれています。アンモニアの比率は、将来的には上げていく計画が策定されており、専焼になった場合は2億トンものCO$_2$を削減できる試算です。

現在、JERAでは、アンモニア混焼の実証事業も行われており、愛知県碧南市の碧南火力発電所4号機では、アンモニアを熱量比にして20%混ぜた運用が行われています。アンモニアを混ぜるには、バーナーの改良やタンクの設置、配管などの付属設備を設置する工事が必要なため、2021年に実証事業が始まってから実際に混焼して運用するのは2024年からの計画でしたが、前倒しされて2023年から大規模混焼が開始されました。JERAは、「JERAゼロエミッション2050」を掲げており、2050年時点で国内外から排出されるCO$_2$の実質ゼロに挑戦しています（図表4-20）。カーボンニュートラルだからといって、今の約7割を占める主力電源であり、需給調整機能を持っている火力発電が使えなくなってしまうのは、日本の電力にとって大打撃です。将来的には、アンモニアの専焼、水素の混焼も予定されています。まだまだ将来性のある火力発電の取り組みも楽しみです。

さらに、エネルギー分野での活躍方法は、次世代エネルギーである水素のキャリア（輸送媒体）としても期待されています。水素は、再エネや原子力で発電された電力を活用して水を電気分解することで、CO$_2$フリーの水素を作ることができます。しかし、輸送が大変であり、コスト的にも安全面でもネックになっています。そこで、アンモニアは、水素分子を含む物質なので、水素を一度アンモニアに変換して輸送し、使うときにまた水素に戻すという方法が検

図表４－20　ＪＥＲＡプレスリリース「２０５０年におけるゼロエミッションへの挑戦について」

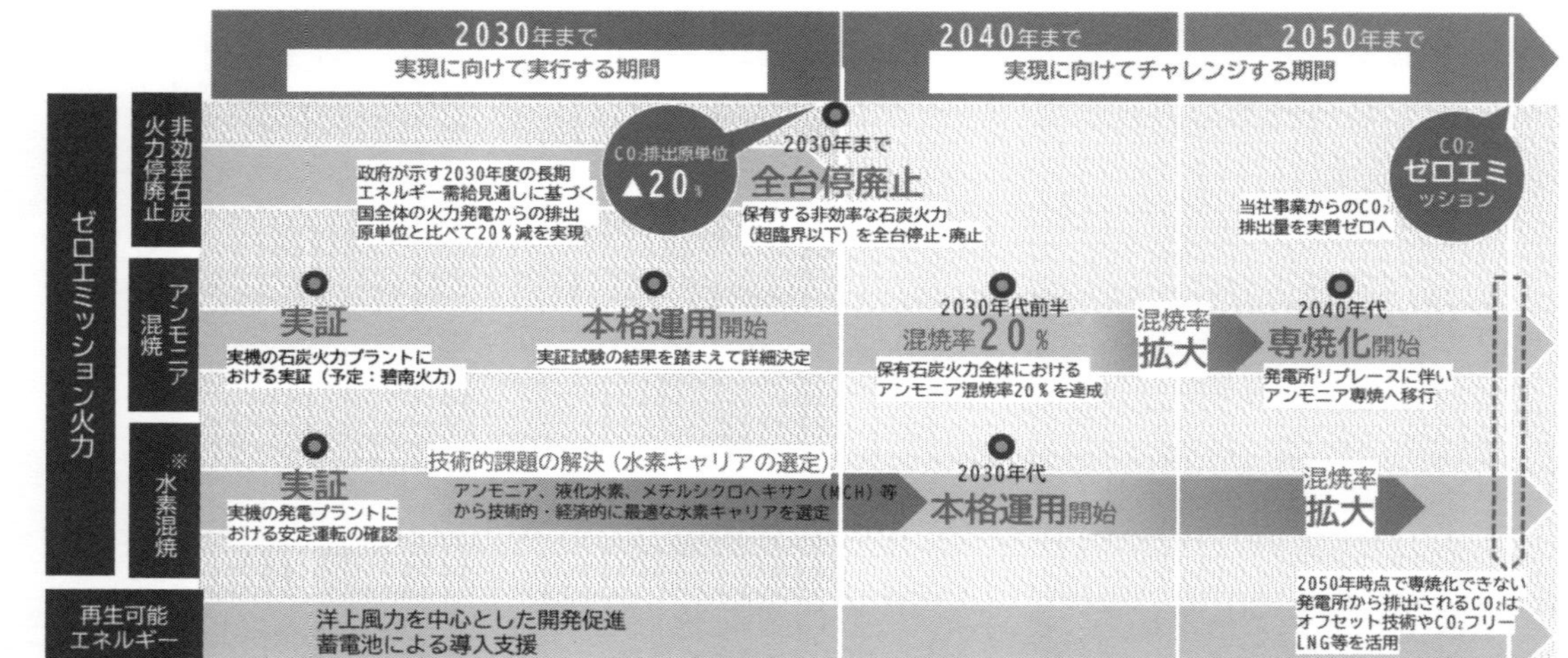

出所：ＪＥＲＡ

討されています。

アンモニアは、現在でも化学製品の基礎材料としても使われていて、大部分が農産物の肥料として使われています。世界の人口が増え続けていますので、肥料として利用されるアンモニアも今後重要です。現在、世界各地の工場ではアンモニアが作られており、世界全体のアンモニア生産量は2019年で約2億トンです。生産国は、上位から中国、ロシア、米国、インドと並び、ほとんどが自国で消費されています。日本はどうかというと、2019年のアンモニア消費量は約108万トンです。このうちの約8割は国内生産、約2割をインドネシアとマレーシアから輸入することで賄っています。

このようにアンモニアは、既に生産、運搬、貯蔵の技術が確立しており、活用する際の安全対策やガイドラインも決められおり運用されています。現在でも輸出入が行われ、事業者やインフラのサプライチェーンが確立されているため、アンモニアを有効活用することで、新規の投資を必要とせずカスタマイズすることができ、他のエネルギーへも転用が可能となります。

エネルギー問題を解決するのに有効そうなアンモニアですが、課題もあります。まずは、窒素酸化物（ＮＯx〈ノックス〉）が増えないかということです。ＮＯxは、光化学スモッグや酸性雨の原因ともなり、オゾン層を破壊してしまう原因にもなります。しかし、混焼率を上げていく過程でＮＯxの排出量がそこまで上がらないことがわかっているそうです。また、アン

図表４－21　水素とアンモニアのコスト比較

	水素発電（2020年時点試算）		アンモニア発電（2018年時点試算）	
製造	海外水素製造 （天然ガス＋CO_2販売（EOR用途）） 11.5円/Nm3		海外水素製造 （天然ガス＋CO_2販売（EOR用途）） 11.5円/Nm3（＝201ドル/トン） 海外アンモニア製造 4.3円/Nm3（＝76ドル/トン）	
輸送	水素輸入 （ローリー輸送＋液化＋積荷＋海上輸送） 162円／Nm3*		アンモニア輸入 （積荷＋海上輸送） 2.3円/ Nm3（＝40ドル/トン）	
発電	水素発電機 7万～9万円/kW・・		アンモニア専焼設備 46万円/kW　※	（参考）アンモニア混焼設備 29万円/kW
発電コスト	専焼 97.3円/kWh・・・	熱量ベース （参考）10%混焼 20.9円/kWh・・・	専焼 23.5円/kWh	（参考）20%混焼 12.9円/kWh

出所：経済産業省資源エネルギー庁「燃料アンモニアの導入拡大に向けた取組」

モニアを現在作っている主な工法であるハーバー・ボッシュ法では、高温を必要とするためＣＯ２を排出してしまうということです。アンモニア自体はＣＯ２を排出しなくても、製造過程で排出してしまっては本末転倒です。

また、大きな課題としては、アンモニアの量が足りないということです。例えば、国内の主要な石炭火力発電所のすべてでアンモニアを20％混焼したとすると、年間２０００万トンのアンモニアが必要となります。これは、現在の日本のアンモニア消費量の約20倍にも匹敵し、アンモニアの比率が上がればもっと必要になります。先ほど説明したとおり、現在、アンモニアのほとんどは肥料と化学製品に使われていますので、この分を置き換えることはおそらくできません。今後、アンモニアをエネルギーに活用していくには、製造から大規模な輸送なども含めた、サプライチェーンの拡大もあわせて進めていく必要があります。

次世代革新炉

原子力発電の技術は、少ない燃料から大きなエネルギーを生み出す目を見張る技術です。化学反応ではなく原子核レベルでの反応に着目し、エネルギーを使うようになった時代には必要な技術であり、安全に運用することとセットで活かしていくべき技術かと思います。

現在の原子力発電は「軽水炉」といい、水を核分裂の冷却材や減速材に使用しているものが中心です。1基で100万キロワット級の規模のものが主流で、災害の多い日本において、もし燃料棒を冷やせなかったときにメルトダウンが起きたり、格納容器が爆破して放射性物質が漏れてしまうことへの対策が課題となっています。

そこで、核反応を利用した「次世代革新炉」というものの研究がなされています。次世代革新炉には5種類あり、革新軽水炉、小型モジュール炉、高温ガス炉、高速炉、核融合炉というものです。

革新軽水炉

革新軽水炉とは、大きさは従来のものとほぼ変わらないか少し大きく、福島第一原子力発電所の事故を教訓に安全性を高めた軽水炉です。原子炉建屋を埋め込み式にし、耐震性を強化、テロ対策として遮蔽壁を従来のものの2倍の厚さにしています。さらには、福島第一原子力発電所事故のように外部電源を喪失して冷却ができなくなったことも想定し、非常用発電で動力を動かす冷却ポンプで循環ができなくとも、動力がなくても冷却を1週間ほどできる機能も追加されています。原子炉の圧力容器には、燃料棒が過熱し水を温めるため水蒸気で満たされています。その水蒸気を原子炉の隣にある冷却プールの熱交換器で冷やすことができる非常用復水器というものを付けています。それでも冷却が間に合わずにメルトダウンすることも想定し、メルトダウンをしたとしても解けた燃料や周りの物質が混ざった燃料デブリを受け止められる「コアキャッチャー」という設備も新たに取り付けられます。さらに過熱した燃料デブリが格納容器まで溶かさないように、格納容器の下部に「サプレッションプール」というものを設け、水が流れて冷却できるような仕組みになっています。また、燃料棒が通常運転の範囲を逸脱し過熱すると水蒸気が増えて格納容器内の圧力が上がります。そうすると、格納容器が破裂して放射性物質が拡散してしまう恐れがあるため、水蒸気を逃して圧力を下げなければなりません。そのときに行われるのが「ベント」というもので、福島第一原子力発電所事故でも行われました。革新軽水炉では、ベントの機能も進化しており、サプレッションプールの特性も活かし、二重で放射性物質や水素を取り除く仕組みになっています。ベントしないといけない場合の冷却できなくなった格納容器内の水蒸気には、多くの放射性物質や水素が含まれています。その蒸気をまずは「革新的性的格納容器冷却系」という冷却装置で冷却し、水の状態にします。その水はサプレッションプールに入りますが、そのときに放射性物質や水素は、特殊なフィルターで大部分が取り除かれます。そのあとに「ベントアウターウェル」という窒素が入っている筒から大気に放出されます。従来のベントよりも放射性物質を取り除く能力が増しているため、最終手段として大気に格納容器内の空気を放出する際も、従来よりも周辺部への影響を少なくできます。

小型モジュール炉

小型モジュール炉とは、文字どおり300メガワット以下の小型の軽水炉です。大きくは安全性の向上と、設備の簡略化による工期の短縮とステレオタイプ化が可能です。小型になることで、水の自然循環で冷却ができるため、従来の炉心冷却に必要な水を循環するポンプや非常用発電機がいらず、動力がなくても冷却が可能です。このため、非常時の冷却に関する安全対策の構造を簡略化でき、費用も削減できます。さらに、従来より小さい、簡略化できるということで、工場での生産が可能となります。住宅でもパーツを工場で作り、組み立ては1日ででできてしまう住宅やコンテナハウスなどのように工場でユニットごとに製造し、現地では組み立てを行っていくことで、品質の均一化や向上、工事の簡略化や工期短縮にもつながります。さらには、出力も300メガワットと小型なため、系統にもつなぎやすいといったメリットがあります。従来の原子力発電所を造るときは、確実に新しい送電系統を設けなくては発電をした電気を送ることはできませんでした。しかし、小型原子炉であれば、土地も大きく必要なく、地域内の需要量にあった発電量の炉を設計でき、地域のエネルギー循環に貢献できます。気候によって変動してしまう再エネと組み合わせることで、温室効果ガスを出さないベースロード電源として活用が可能です。

高温ガス炉

高温ガス炉とは、炉心や燃料の構成材が軽水炉と異なります。減速材として黒鉛を、燃料被覆にセラミックを、核分裂の熱を冷やす冷却材に化学的に安定しているヘリウムガスを使用しています。軽水炉では、燃料被覆には金属管を使用し、減速材や冷却材には軽水、つまり水を使用していますので、原子炉を過熱しすぎると危ないため300℃ほどまでしか取り出せません。そのため、発電効率が低く30%ほどです。高温ガス炉は、燃料被覆に耐熱性に優れているセラミックを使っていますので、温度を900℃くらいまで上げることができます。さらに、圧縮したヘリウムをタービンに吹き付けて回転させるヘリウムガスタービン発電を採用するので、軽水炉の蒸気タービンに比べて効率が約1・5倍と上がります。安全性も向上しており、高温ガス炉に用いられる四重被覆のセラミックは極めて耐熱性が高いため、1600℃でも耐えることができます。また、減速材である黒鉛は、エネルギーの出力密度が低いため、出力あたりの原子炉のサイズが大きくなります。万が一、冷却材のヘリウムガス循環に異常が起きて冷却ができない事故が起こったときでも熱の上がり方がゆっくりで、炉心内の熱を原子炉の表面から自然に放出することができます。つまり、メルトダウンを起こさない性質を持った安全性の高い原子炉です。さらに冷却材にヘリウムを使うため、水素を発生しないので福島第一原子力発電所事故で起こったような水素爆発の心配もありません。安全性が高いため、従来の軽水炉と比べて異常事態に対する対策費用も削減ができるうえに発電効率が上がるので、発電単価が安くなり経済的にもメリットがあります。さらには、原子炉で仕事を終えたヘリウムは900℃近い熱を持っていますので、この排熱を利用して水を熱分解し、水素を製造することもできます。高温ガス炉は、カーボンニュートラル時代に必要な水素を作れる、コージェネレーション（熱電併給）機能も持っているのです。

高速炉

高速炉とは、高速の中性子を燃料に当てる発電方式です。軽水炉では、中性子のスピードが速いと核分裂を起こしづらいので、中性子のスピードを水で減速させますが、高速炉では、中性子が減速しづらいナトリウムを冷却材に使います。軽水炉で使われた使用済み燃料の中には、まだ核分裂を起こすことができるウランやプルトニウムが含まれていて、それらを「核燃料サイクル」という燃料を再利用のサイクルにのせ、再び燃料として加工します。こうすることで、燃料として再利用できるだけでなく、最終的な高レベル放射性廃棄物の量を７分の１ほどに減らすことができ、高レベル放射性廃棄物の放射線を発する能力自体も約10万年から約３００年に弱めることができます。ウランとプルトニウムが混ざった燃料を「ＭＯＸ（モックス）燃料」といい、軽水炉で燃料として再利用できるのは数回です。一方、高速炉では、軽水炉で核分裂を起こしづらいプルトニウムの核分裂も起こすことが可能なので、再利用して作られたＭＯＸ燃料を有効活用するためにも、カーボンニュートラルなエネルギーを安定的に作り出すためにもとても重要です。核燃料サイクルで作られるＭＯＸ燃料は、今のところ日本では作ることができず、フランスへ製造委託しています。現在は、日本国内でもＭＯＸ燃料を作れるように取り組みが進められており、日本原燃が青森県六ヶ所村に再処理工場、ＭＯＸ燃料の加工工場の操業をしようと取り組んでいます。また、ＭＯＸ燃料を使える軽水炉も限られており、高速炉を造ることが期待されています。日本でも早い段階から研究が進められており、「常陽」や「もんじゅ」という言葉を聞いたことがある読者の方も多いことでしょう。

　日本原子力研究開発機構（ＪＡＥＡ）によって、まず高速増殖炉の発電設備を持たない実験炉である常陽が建設されました。それに続きもんじゅが建設されましたが、１９９５年にナトリウム漏えい事故が発生したことで運転停止、２０１６年に廃炉が決定されました。高速増殖炉とは、投入した燃料以上に元の燃料ができる仕組みからそういわれており、ＭＯＸ燃料のポイントは、ウラン２３８とプルトニウム２３９に高速中性子が当たると核分裂を起こしますが、ウラン２３８に高速中性子が当たるとプルトニウム２３９ができます。つまり、ＭＯＸ燃料に高速中性子を当てることで核分裂を起こしてエネルギーを発しながらも、核分裂を起こすプルトニウム２３８も作られるため、増殖炉といわれています。

その後、高速炉の研究は停滞したかと思われましたが、２０２３年7月26日にＪＡＥＡは、高速実験炉常陽（最大熱出力：１００メガワット）の新規制基準への適合性確認について、原子力規制委員会より原子炉設置変更許可を取得しました。カーボンニュートラル電源への期待や核燃料サイクルを活用した原子力の持続可能な取り組みを実証する研究開発や、癌治療への高い効果が期待されている医療用ラジオアイソトープの製造実証に活用をしていくとのことです。原子炉の研究から、発電以外の用途も見つかるかもしれません。

核融合炉

軽水炉や今まで見てきた新型革新炉は核分裂を活用していましたが、核融合炉は、抜本的にそこが異なり、核融合反応を活用します。核分裂は、原子番号が後ろのほうの重い原子であるウランやプルトニウムを使いますが、核融合は、逆に軽い原子である水素やヘリウムを使います。通常の水素には中性子がありませんが、同位体である重水素には中性子が1つ、トリチウムには2つ入っています。核融合炉で利用する反応とは、重水素とトリチウムがある特殊な環境においてくっ付き、ヘリウムと中性子1つになる反応です。1グラムの二重水素とトリチウムを燃料とした核融合反応から発生するエネルギーは、約8トンの石油を燃やしたときと同じ熱量に相当し、相当大きなエネルギーが少量で作れることがわかるかと思います。

未来の発電として期待するには、肝心な燃料や核融合のあとに出る影響のある物質はどうなっているか気になります。核融合に使うものは重水素とトリチウムです。重水素は海水にも無尽蔵に存在していますが、トリチウムは希少な放射性物質であり、核融合反応で発生した中性子をリチウムに当てて作り出すことになります。つまり、核融合が動き出せば、反応の過程で燃料であるトリチウムを循環的に作ることができます。蓄電池にも使用されているリチウムは、陸上から採取できる量は限られていますが、海水に豊富に含まれているため、そこから採取することができれば、無尽蔵に燃料があることになります。海水にどれくらいのリチウムが含まれているかというと、主な塩分であるナトリウムの濃度が約1万ｐｐｍ（ｐｐｍとはミリグラム／リットル＝0・0001％）に対して約0・17ｐｐｍと非常に薄いですが、1000万年以上使える量があるといわれています。海水からうまくリチウムだけを取り出すことが課題となっていましたが、量子科学技術研究開発機構（ＱＳＴ）は、世界初のイオン伝導体リチウム分離法を考案し、リチウム回収装置を製作して海水からの採取に成功しています。リチウムの問題が解決してもトリチウムを生産するには中性子も必要となります。核融合反応では、中性子が1つしかできませんが、ベリリウムという中性子棒造材を経由することで中性子を2つに増やすことができます。中性子1つをリチウムに当てると、トリチウム1つとヘリウム1つができるため、消費量以上のトリチウムを確実に増やすには、ベリリウムも大切な存在となります。しかし、ベリリウムは、レアメタルのひとつで鉱物資源として鉱山は確認されているものの、原型炉1基では約500トン必要となるのに対し、全世界の総生産量は約300トンほどでした。そこでＱＳＴは、一般産業需要の高いベリリウム化合物の精製や他の材料の精製技術への応用ができる技術を確立しました。核融合の燃料問題が解決していくことは、核融合自体のエネルギー自給率を上げるとともに、他分野への応用という意味でも、資源の有効活用や精製プラントの省エネ化にも貢献しています。

核融合の廃棄物ですが、まず温室効果ガスを排出することはなく、２０５０年カーボンニュートラルに対しては条件をクリアしています。安全性ですが、核分裂と違い一度起こった反応が連鎖的に起こり止まらなくなるという心配がありません。のちほど説明しますが、核融合反応を起こすには、プラズマという超高温の特殊な環境を作らなければなりません。核融合炉には、反応で使うだけの燃料を投入していきますが、間違って燃料が大量投入されたとしても、プラズマを保っている炉を止めて冷却することで反応は止まります。核分裂では、外部電源を使って原子炉を冷やして核分裂を制御しますが、プラズマを作ることに電力を使用するため、停電などで外部電源を失うと、核融合が止まってしまうのです。そのため、軽水炉と比べても安全性が高いといわれています。

もちろん放射性廃棄物は発生します。核融合炉では、燃料のトリチウムと、発生する中性子がぶつかったことによって放射性物質となる核融合炉の部品などです。しかし、原子力規制委員会のまとめた潜在的放射線リスク指数によると、核融合炉の放射線リスクは、停止直後で軽水炉の１００分の1です。1年後には１０００分の1ほどです。ただ、10万年以上の長い期間地層処分が必要な高レベル放射性廃棄物は出ませんが、中レベル放射性物質は出るため適正な管理は必要です。

核融合を起こす特殊な環境とは、「プラズマ」という状態を作り出し、さらに超高温または高い圧力で高密度な環境を作り出す必要があります。原子核には陽子が入っており、プラスの電荷を帯びています。磁石の同じ極同士は反発し合うように、原子核同士は、通常の環境では反発し合ってしまいます。物質の温度を上げていくと、固体、液体、気体と物質の状態が変化しますが、さらに温度を上げていくと第4の状態のプラズマになります。プラズマでは、電子と原子核が分離してバラバラに飛び回っている状態になります。しかし、このままでも原子核同士は反発し合うため、核融合反応を起こさせるには、さらに温度を上げて1億℃以上の環境を作り出し、原子核の動き回るスピードを高速にして反発する力に打ち勝って衝突させたり、密度を上げて衝突を起こしやすくする必要があります。

図表4－22　ＪＴ－６０ＳＡ㊨
図表4－23　ＱＳＴの那珂研究施設見学会にて㊧

出所：筆者撮影

1億℃を生み出したり、その状態を維持したり、核融合が起こったときのエネルギーをどう取り出すかなど、核融合にはさまざまな課題がまだまだあります。大規模な設備や研究が必要であり、1民間企業や1カ国のレベルではなく、各国が協力して核融合発電を実現させようというプロジェクトが起こり、核融合実験炉（ＩＴＥＲ〈イーター〉）プロジェクトというものが発足しました。２０２５年に南フランスにあるＩＴＥＲの運転開始を目指して日本を含む7極（日本、欧州、米国、ロシア、韓国、中国、インド）と本計画のために設立された国際機関であるＩＴＥＲ国際核融合エネルギー機構によって進められています。ＩＴＥＲは、南フランスのサン・ポール・レ・デュランスに建設されていますが、最後まで日本の青森県六ヶ所村に建設するかの検討がなされていました。そこで、茨城県那珂市にあるＱＳＴの那珂研究所では、ＩＴＥＲの研究開発と核融合プラズマ研究開発を実施しており、ＩＴＥＲの研究を支援や補完するものとして試験装置のＪＴ-６０ＳＡが建設されました（図表4-22）。ＩＴＥＲと同じトカマク型の核融合装置で、ＩＴＥＲより小型ですが、ＩＴＥＲではできない高性能プラズマを発生させ、研究に特化した役割をしています。ＩＴＥＲとＪＴ-６０ＳＡが補い合うことにより核融合原型炉の建設を目指しています。

ＱＳＴの那珂研究所では、年に一度、一般見学会も行っており、ＪＴ-６０ＳＡの見学ツアーも開催しています。筆者も一度参加したことがありますが、大きな部品や、よくわからない形のものが並んでいたり、ここから将来のエネルギーが出来上がるんだと思うとワクワクしました。参加してみると特別な体験となることでしょう（図表4-23）。

地層処分

地層処分とは、原子力発電所で出た高レベル放射性廃棄物を地下350メートルの場所に埋めて処分することをいいます。原子力発電環境整備機構（NUMO〈ニューモ〉）という組織が最終処分の場所選定に向けた全国説明会や調査などの事業運営を行っています。

火力発電では温室効果ガスや煤塵、太陽光発電でも廃棄パネルの問題が昨今話題になっているとおり、他の発電でも最終的に廃棄物は出ます。火力発電から出る温室効果ガスは、地球温暖化の原因であるとのことで、世界中で2050年にはカーボンニュートラルにしようという取り組みがなされています。煤塵については、今のところ廃棄物としてどこかへ留置しているのがほとんどですが、テトラポッドなどに活用して魚への害がないかなどの研究も進められています。廃棄物については、リサイクルできるものはリサイクルし、そうでないものは適切に処理をする必要があります。

NUMOは2000年に設立され、原子力発電所から出る放射性廃棄物の問題にいち早く取り組んできました。当初は、そもそも地下深くに埋める地層処分が正しいのかという検討から行われました。地上で管理し続ける長期管理、海底深くに埋める海洋投棄、南極の氷の下や永久凍土に埋める氷床処分、ロケットで宇宙へ飛ばす宇宙処分――。しかし、これらの案も真剣に検討された結果、国際条約による制限や実現可能性、管理においては将来、数万年にわたり管理し続けねばならないといった課題があり、地下深くに埋める地層処分が最適であると国際的にも合意されています。

原子力発電は、放射性物質の核分裂から発生する熱を利用して発電をする方式です。一度使った燃料の約97%は、核燃料サイクルにのせられて再加工され、再び燃料として再利用されます。しかし、リサイクルしたあとに残ってしまう廃液は、再利用することができず強力な放射線を発します。最終的に出る高レベル放射性廃棄物は、どこか人間の暮らす場所に影響がないところへ処分する必要があります。太陽光発電でも廃棄パネルのリサイクルが行われますが、最終的に「廃棄」になる部分があるのと同じです。

その最終処分地を日本国内には1カ所つくる必要があり、場所の選定や地域住民の方へ説明会を行っていかなければなりません。まず、高レベル放射性廃棄物とは？　原子力発電の燃料ってなに？　地下深く埋めたら管理しなくて大丈夫なの？　場所選定はどうやって行うの？　などなど、さまざまな質問が飛んでくると思います。その質問に答えたり、全国で対話型説明会を行いながら、地層処分の実現を進めていくのがＮＵＭＯです。

ＮＵＭＯが発足してから20年、ようやく環境が整い地層処分が有効ということも合意され、日本で初めての文献調査が北海道の神恵内村と寿都町で開始されました。２０２３年4月には、国も最終処分地選定に向けて全力を注ぐとの意向を示して「特定放射性廃棄物の最終処分に関する基本方針」を改定し、最終処分に向けた取り組みを強化しています。

その時期に開かれた地層処分に関するシンポジウムで、神恵内村、寿都町の村長、町長にお話を伺いました。全国民が考えなければならない問題であるため、自分が名乗りを上げたことで他の自治体にも文献調査に興味を持ってほしいという言葉があり、気概と国のために行動を起こしたという自治体の長であることの器を感じました。

神恵内村と寿都町には、ＮＵＭＯの方々が常駐し、住民の方と意見交換や説明を行う交流センターがあります。筆者も電力系ユーチューバーとして、またエネルギーのインフルエンサーとして現地を見なければならないと思い、神恵内村に訪問をしました。現地の方とＮＵＭＯの本部、あるいは電力会社からの出向の方が常駐しており、神恵内村で生活をしながら村の方々と交流、対話をしています。文献調査は、自治体やその地域にある文献、地層データを収集し、机上でのみの調査をし、地層処分施設を造るのにふさわしくない場所を除外していく作業を行います。最終処分地選定には、図表4-24のようなプロセスを踏んで、日本で1カ所を決める

図表4－24　最終処分地選定のプロセスとリスク要因の考え方

▼リスク要因への対応の全体的な考え方

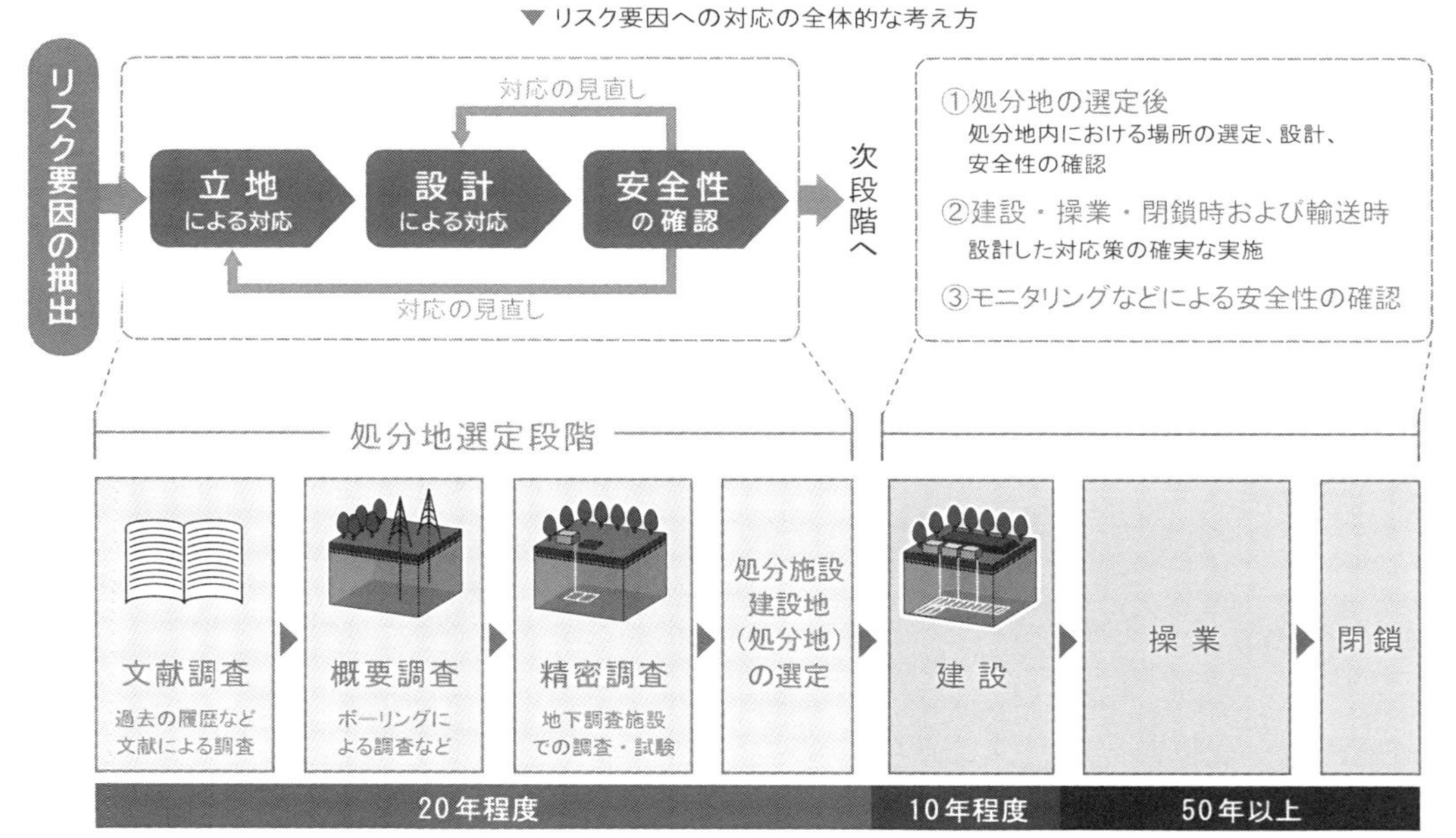

出所：NUMO「安全確保の考え方」

必要があり、複数の土地で調査を行い、最適な場所を選定します。しかし、まだ北海道の2つの自治体しか第一ステップの文献調査を行っておらず、今後も多くの自治体が文献調査の名乗りを上げることが必要です。

神恵内村は、泊原子力発電所の近くということもあり、もともと原子力発電についての理解がある方が多いという土地柄もあるものの、地層処分については、説明会や対話の場、各家庭を回るといった活動をしてこられたそうです。神恵内村は、人口が1000人を下回る村ですが、道の駅を訪問した際は、NUMOの現地の方と村民の方の仲睦まじいやり取りを聞くことができました。地域と一緒になって考える取り組みを続けていくことが大事なのだと感じます。

NUMOの職員で20代の若手の方にお話を伺いました。なぜNUMOに就職したのか？　地層処分をどこで知ったのか？　その問いに対して答えてくれました。彼は、学生時代の就職活動のときにたまたまNUMOを知ったそうなのですが、それまで地層処分については、まった

図表4－25　NUMOマスコットキャラクターのグーモくんと（神恵内交流センター前にて）

出所：筆者撮影

く知らなかったそうです。ＮＵＭＯの存在を知ったときに、このような全国民にとって避けては通れない問題があったのかということを知り、青森県の六ヶ所村へ自ら出向き、日本の電力の安定供給や原子力発電所の再稼働の問題、高レベル放射性廃棄物の地層処分の場所選定における地域との問題など、さまざまなことを勉強したそうです。彼が現在20代であれば、ＮＵＭＯに所属している間に最終処分地の場所選定や建設をおそらく行っていくことにはなりますが、これから再稼働する原子力発電所も考えると、最終処分地の埋め戻しまでは立ち会えない可能性のほうが大きいです。それでも将来の人類のため、今の世代で地層処分の目途をつけ解決しなければならないと語っていた彼の表情はとても輝いていました。エネルギーのことを発電から送配電、需要家のことを、制度面や現場の観点から広く見ようと意識し活動していた筆者でさえも、電気を使ったその先の廃棄問題ということは意識が薄くなっていたと痛感しました。この問題は一丁目一番地であると感じています。

旬なワードである「カーボンニュートラル」も言ってしまえば、温室効果ガスという廃棄物問題。それと同じように高レベル放射性廃棄物も大事な問題であり、国民や世界の人たち全員で考え、実行しなければならない問題です。

第5章

将来のおでんき予報

2030年のおでんき予報

2030年の未来はもう遠くないです。大きな世界は、見えているものが実現された世界になるでしょうが、小さい世界や細かい具体的なところは、実現するための新技術や制度変更が起こっているでしょう。

例えば、電気主任技術者問題です。2030年には約2000人が不足するという、経済産業省の試算があります（図表5-1）。電気主任技術者の認知拡大のための広報をしたり、受験者数が増えたとしても、2030年までに実務経験もあり、一人前の電気主任技術者を増やすには無理があります。そうなると、今の点検規模や頻度、電気主任技術者の点数上限制や2時間ルールなども見直される可能性もあります。しかし、点検頻度をただ少なくするのでは、設備の安全を守るという趣旨と離れてしまい本末転倒ですから、デジタル化や遠隔監視などの新技術の導入が考えられます。例えば、電流を常に計測してくれる装置で、異常値が出た際は遠隔でお知らせしてくれるものであったり、今後、増えていく太陽光発電所の異常を遠隔で知らせてくれる機器であったり、さまざまなものが考えられます。

企業のカーボンニュートラル目標達成にしても、あらゆる企業がカーボンニュートラルを目指して環境価値が足りなくなるかもしれません。そのために再エネ開発が加速し、既に飽和状態の太陽光ではなく、小水力や小型風力など他の再エネ開発が活発になるかもしれません。それに伴い人口用水路ができて、イタリアのベネチアみたいな街ができるかもしれないとか――。

さらには、温室効果ガスを出さない原子力発電の重要さが見直され、原子力発電所の再稼働に向けた取り組みや、新型革新炉の開発も始まっています。２０３０年までに原子力関連で大きく動くのが予想されるのが、核燃料サイクルや地層処分です。原子力発電所では、発電をしたあとには放射性廃棄物が出ます。ウラン２３５の核分裂を利用したあとの使用済み燃料棒や、それら周辺の格納容器や制御棒、原子炉が入っている建屋など、原子力発電所の中のものはなんらかの処理が行われます。放射能が低いものについ

図表５－１　電気主任技術者の需給見通し

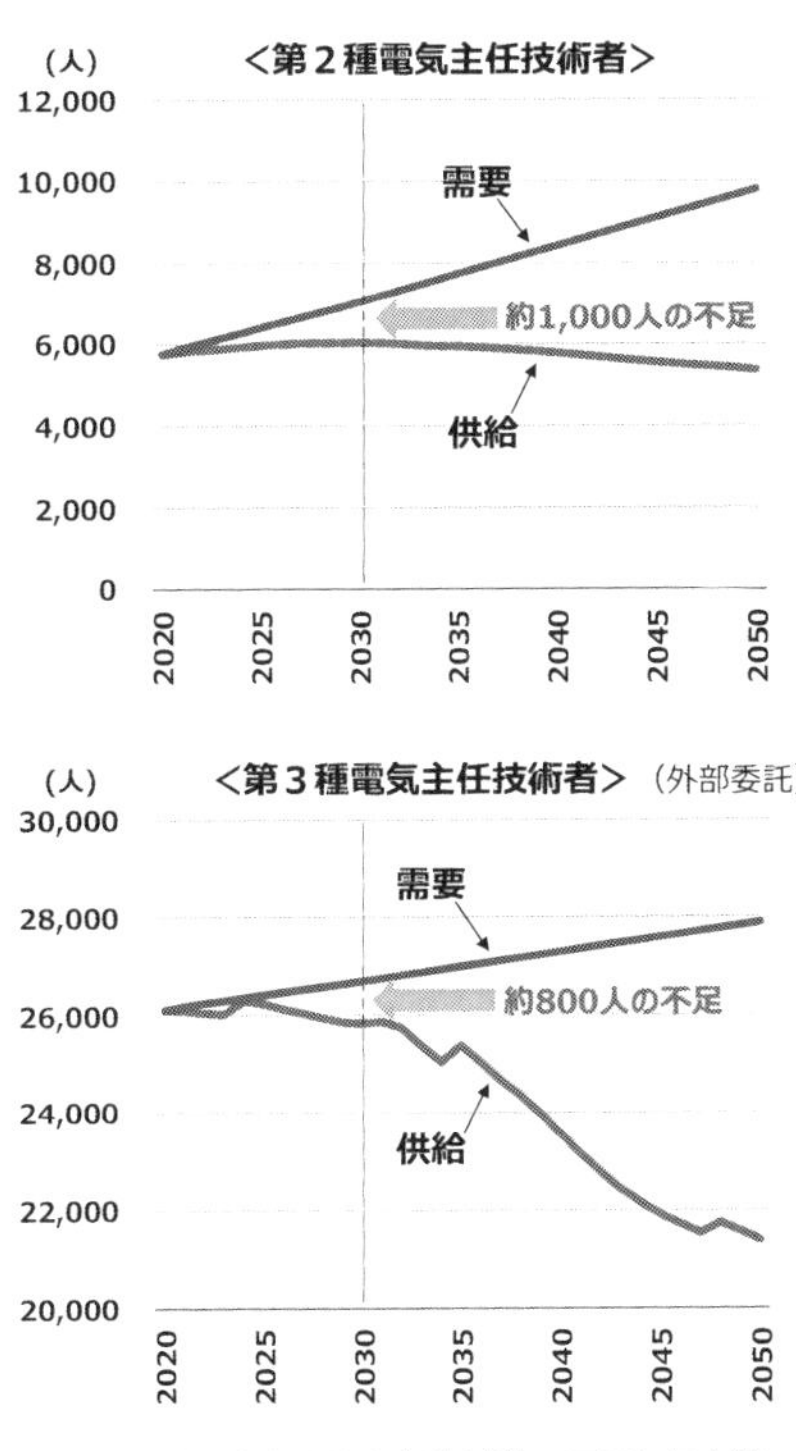

出所：経済産業省産業構造審議会「第９回電気保安制度ワーキンググループ資料」

ては、「クリアランス制度」という手続きを経て一般の産業廃棄物として処理やリサイクルされるものもあります。肝心な燃料棒については、核燃料サイクルというものにのせて、もう一度、燃料として使えるウランやプルトニウムを取り出し、混ぜ合わせMOX燃料というものに加工し直されます。このMOX燃料とは、普通の軽水炉で使用できますが、まだ日本国内では作られていません。核燃料サイクルを国内で実現することによって、原子力に対する見方が変わるかもしれませんし、原子力の研究にまい進する科学者や、原子力のスタートアップ企業などが増えるかもしれません。

地層処分については、筆者のSNSで質問したところ、聞いたことはあるという方が約50%、内容も知っている方は30%ほどでしたが、今後、最終処分地選定に向けて文献調査を行う自治体も増えるでしょう。

このように2030年に向けての数年は、本当に必要なものがブラッシュアップされていく期間になるかと思います。技術的な面はもちろん、業界外への認知や業界外からの技術の流入も大事です。今あることの効率化や属人化を減らしていく技術というのも、エネルギー分野以外から出てくるチャンスかもしれません。

2050年のおでんき予報

2050年は、まず今から見えることとして、カーボンニュートラルが本当に達成できているのかが楽しみなところです。2050年までにカーボンニュートラルすることを表明した国は145カ国あります（図表5-2）。地球温暖化を防ぐためにカーボンニュートラルするわけですが、違う国では温室効果ガスを気にせず出していたとしたら、地球全体で見てはカーボンニュートラルを達成できていません。さらには、表明国が化石燃料を使わなくなった分、表明していない国が今まで以上に化石燃料を使用し、温室効果ガスを排出するかもしれません。このようなことも想定し、今後は温室効果ガスに対する規制や課金

図表5－2　カーボンニュートラルを表明した国・地域

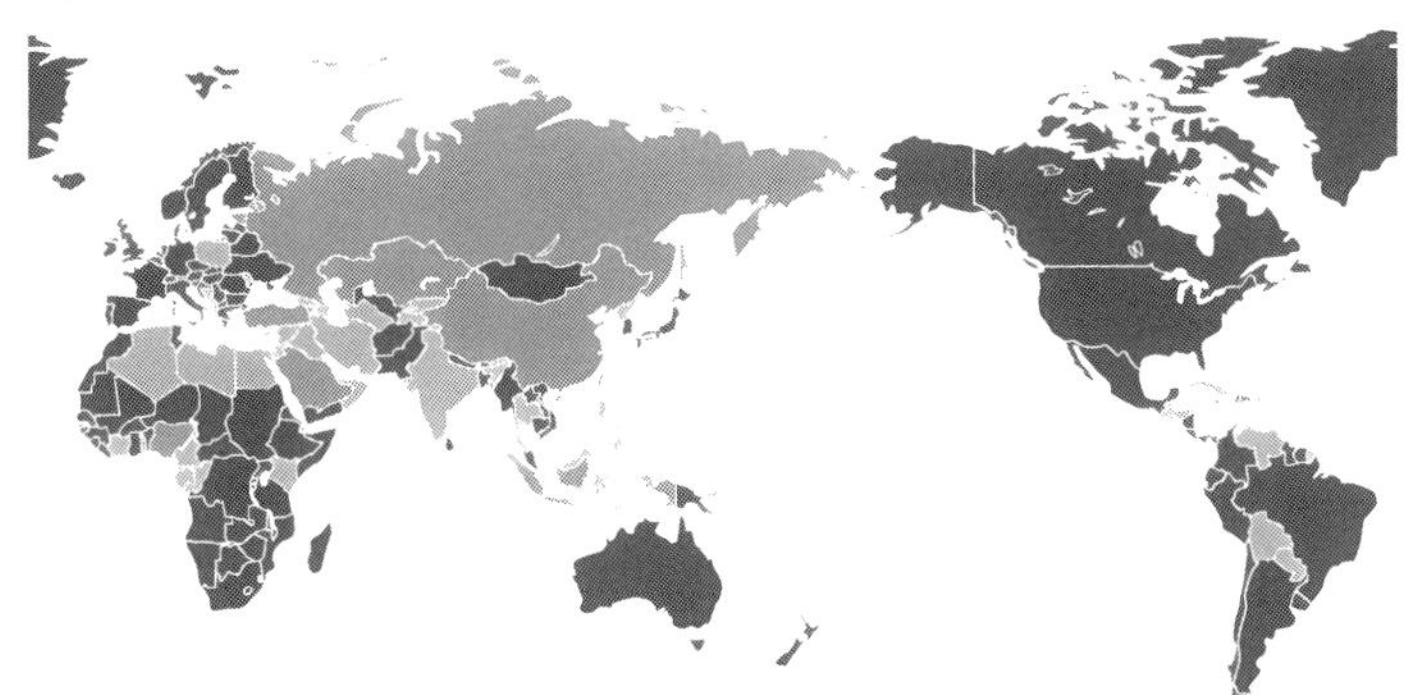

出所：経済産業省資源エネルギー庁「日本のエネルギー 2022年度版『日本のエネルギーの今を知る10の質問』」

制度など国際的な枠組みが出てくるでしょう。現在は少ない環境系弁護士やカーボンニュートラル系公認会計士なんかも盛んになってくるかもしれません。

ここからは、発電、送配電、小売りに分けて電気予報をしてみます。

現在の発電構成である、火力、水力、原子力、再エネなどがありますが、２０５０年の発電構成のキーワードは、「カーボンニュートラル＋安定供給」ということになると思います。ひとつの参考として２０５０年の発電構成を試算したものがありました。原子力発電所が17基、それぞれ60年間動いたときの試算です。カーボンニュートラルといっても、意外なのが石油や天然ガスなど火力発電に使う化石燃料も残っているということです。CO_2回収などの技術や、アンモニア・水素の混焼も進み、火力発電も調整力として活用ができているのではないかと思います。太陽光や風力発電も導入を進めるには調整力が必要ですから、火力発電や蓄電池、揚水発電、また他エリアと融通し合う連系線も重要です。

連系線も現在整備されていますし、その前提から考えると、現在の原子力発電の原理である核分裂からエネルギーを得る仕組みに変わる大きなエネルギー発電所が必要となります。現在、研究されているものとして、核融合発電や宇宙太陽光発電などがあり、今はＳＦの世界のようですが、胸がワクワクします。筆者は、研究者ではなく、理系の人間でもないため、詳しいことはわからないのですが、夢のあるエネルギー開発は今後も応援していきたいと思っています。

特に、核融合発電に関してはＩＴＥＲを軸に、日本でも研究がなされており、現在、原子力関連で働いている方も興味を持っています。ぜひとも私たちの世代で応援したい技術です。そのための制度や環境づくりをすることが私たち世代の使命とも思います。

海底直流送電が完成し、日本国内の系統線も増強が進められているでしょう。これからの20年間は、架空も海底も含め送電線の建設ラッシュになるでしょうが、お蔭で再エネの融通も全国各地で行われるようになるでしょう。とはいえ日本は島国で、国内だけで電力融通し合うには、需要と供給のバランスの限界があります。韓国への送電線が作られたりする可能性もあるのではないでしょうか。

逆に、基幹系統でない配電に関しては、末端系統は独立していくかもしれません。離島は、現在も独立したグリッドを形成しているところもありますが、そのような動きが山間部や半島の先でも起こるでしょう。送配電会社でもレベニューキャップ制度が始まり、採算を少なかれ気にするようになりました。離れた需要場所へ長い距離電線を引いて送るのは非効率的です。そのため、離れた需要地点では、その地域に合った需給調整のリソースや、再エネ施設を造って系統を切り離し運用するエリアも出てくるでしょう。現在でも、そのような取り組みもありますが、ネックとなっているのは調整力です。電力の需要と供給のバランスが大前提ですから、すぐに需給調整できる電源が必要になります。そこで、温室効果ガスを出さない火力発電や再エネ施設、系統用蓄電池などが導入されていくのではないかと思います。

一般送配電事業者は、最終的な需給調整責任を負っているわけです。系統運用者にとっては、火力や揚水発電など、その他の電源への調整力確保を入札することや、系統用蓄電池を保有することで責務を全うするでしょう。つまり、発電と送配電は一心同体になります。

電力を買うところが小売り電気事業者なわけですが、小売り電気事業者は減っていくと予報します。なぜなら小売り電気事業者は一時のバブルだったわけです。市場価格が安くて、販売先の利益をどれだけとるかと業界が盛り上がっているときは、そこからの企業を受け入れがちです。

電力小売りに関しては、２０１６年に完全自由化して新電力が増えましたが、今後撤退や合併が進み、小売り電気事業者の数が減っていくと予報します。自由化直後は、卸電力市場価格が安く、営業力があり、需要家さえ増やすことができれば簡単に利益を出すことができる仕組みでした。そのため、電気が作られて送られる仕組みや、電力制度について詳しく知らなくても運営ができる、いわば「新電力バブル」のような時代でした。その影響をこうむったのは、もともと電気事業を行っていた大手電力会社であり、発電事業者は、安い電力市場価格で電源を下ろさざるを得なくなって運営が厳しくなりました。今までは、自社の小売り部門の需要予測量に合わせて燃料の調達を行ったり、発電計画を立て、それに合わせた価格で電源を発電できていましたが、新電力が増え、市場取引が増えたことで相対契約が減り、需要量が見えなくなり、発電した分が余ることも足りないことも出てきてしまいました。過去には、コロナが始まったころに需要減を見越してＬＮＧの輸入量を少なくし、実際には、需要が多くて電力供給量が圧倒的に足りなくなり、約１・５カ月の市場価格の異常高騰が起こったのもその理由です。

　小売り電気事業者は、現在も市場調達の割合が多いですが、発電事業者からするとできるだけ調達してもらうほうが、発電計画が立てやすいのです。ましてや、再エネが入ってきたことで需給調整もただでさえしづらくなっているのに、需要もバラバラの事業者が持っていると管理もしづらく、最終的な需給調整を担っている一般送配電事業者も困ってしまいます。２０５０年のカーボンニュートラルは、安定供給が前提ですが、そのためには、発電、送配電、需要を取りまとめる小売りが一丸とならなければ叶いません。小売り電気事業者が現在、市場からスポット的に調達する形態はなくなり、自社需要に対して年間計画もしくは複数年計画で発電事業者との相対契約でほぼ埋めるようになり、再エネの変動分を市場調達で調整するような運用になるでしょう。また、小売り電気事業者も供給力にコミットし、最終的な調整力を確保するためには高値を払うことになるでしょう。現在もそうなりつつありますが、自社で調達する経済力や人員構成などを含めた体制のない会社は、大きな小売り電気事業者のバランシンググループ（計画値同時同量制度の下でインバランスの精算単位となる事業者群）に入り、実質の運営や需要の取りまとめ、電源調達を委ねることになるでしょう。

2025年には、電力自由化も含めた電力システム改革の見直しが行われます。その場では、改めて2050年のカーボンニュートラルと電力の安定供給の達成に必要な同時同量ということを考え、小売り電気事業者と発電、送配電のあり方が議論されるでしょう。送配電や小売りなど増えてきた新規参入事業者を、発電事業者やアグリゲーターなどが取りまとめ直すといった、今までと逆行した動きになると予報します。どちらにしろ、電力の安定供給と同時同量ということが大きなテーマになることでしょう。

Column

サウジアラビア訪問

筆者は2023年10月、サウジアラビアを訪問しました。石油ビジネス以外の産業、脱炭素を目指したプロジェクトなどについて調査するためです。

サウジアラビアは現在、あらゆる政策やプロジェクトが動いており、「5年くらい前から劇的に変わった！」とのことです。これは、サウジアラビアで会った方々が口を揃えて言っていました。筆者の考えていたサウジアラビアとは、アバーヤ（民族衣装）を着た方しかおらず、女性は外を出歩かず、働かず社会を知らないまま男性と人生を添い遂げるとか、砂漠ばかりで高いビルがないとか、アラブ料理しかなく食事もおいしくない、さらに外国人にも優しくないと思い込んでいました。

しかし、それは勝手な妄想でした。サウジアラビアの紅海沿岸に長さ170キロ、高さ500メートル、幅200メートルもの壁の街をつくる「THE LINE」や、首都リヤドに動く歩道などを導入して交通の便を解消するスマートシティプロジェクトなどがあります。ほかにも、東京・新宿副都心のような超高層ビル群が立ち並ぶ未来都市や、伝統的な街をつくるための建設現場など、これから成長していくことが街中を走っているだけで見てとれます。さらに、半導体工場を誘致して産業振興とすることや、観光業・食品産業にも力を入れており、それらを実現しているのがよくわかりました。

サウジアラビアでお会いしたビジネスパートナーの方々は、ビジネスのことはもちろん、一端のユーチューバーである筆者に「僕に協力できることがあれば何でも言って。電気事業の会社を紹介もするし、いろいろ力になるよ」と言ってくれました。スタッフの女性は、筆者が「アバーヤが好きだ」と伝えると、一緒に買い物に連れて行ってくれてアバーヤをプレゼントしてくれました（図表6-3）。さらに、「このあとはここに行くといいよ」とか、おすすめのお店を教えてくれたり、本当に感謝しかありません。ほかにも日本に留学していたサウジアラビア人の知り合いがいる方に紹介してもらったサウジアラビアの彼には、彼が関わっているプロジェクトや、自国の社会情勢、日常生活、さらには恋愛事情のことまで教えてもらい、楽しく食事をしてごちそうになりました。このように、成長と進化を遂げ、状況を常に把握して「オールサウジ」の気概を持ちながらも、自国の文化や場所を愛し、誇りと自信を持っているサウジアラビアの方々が本当に素敵だと感じました。なぜサウジアラビアの方々は、こんなにホスピタリティがあるんだろう？　そして、どうしてこんなに幸せそうで活発なんだろう？　これからのチャレンジに対するワクワク感からきているのだなあと気づきました。

サウジアラビアは、石油が採れるためエネルギー資源が豊富です。そのため、国の成長のために安心して産業を

図表５－３　プレゼントしてもらったアバーヤを着て（筆者中央）

出所：筆者撮影

発展させることができます。しかし、日本は、エネルギー自給率が低く、約8割を占める火力発電の化石燃料もほとんど輸入です。今後、日本が高度経済成長期のころのような夢と希望の時代に戻るには、持ち前の技術力を活かしてデータセンターや半導体工場を造ることが必要です。それには莫大な電気と水が必要です。日本の成長は、エネルギーがなければ叶わず、サウジアラビアのように石油が潤沢で、前向きに取り組んでいる国々と歩調を合わすには、真剣に電力量の増加を考えなければならないと痛感しました。そのためには、エネルギー自給率の高い電源である既存の原子力発電所の再稼働だけではなく、核融合炉をはじめとする次世代革新炉の新設や、宇宙太陽光発電の実用化に真剣に向き合うことが必要です。特に喫緊の課題である原子力発電所の再稼働は、脱原発などのイデオロギーや感情だけで反対するということは日本の未来にとって非常に危うく、安全対策のことを国民全体が理解し、再稼働を進めることが肝要です。

筆者の強みはフリーランスとして、課題意識を持ったところへフットワーク軽く調査に行くことができ、さらにユーチューブなどで情報発信することができることです。今回のサウジアラビア訪問を通じて、これからも日本の未来のエネルギーについて積極的に発信していこうと決意しました。

おわりに

本書を執筆するにあたり、たくさんの方々にご協力を賜ったことを感謝しています。まずは、電力系ユーチューバーとしての地位を築き上げてくださったチャンネル視聴者の方々。3年半前にチャンネルを開設し、どのようなコンテンツをアップしたら視聴者の方々に喜んでもらえるだろうと考え、迷走した時期もありましたが、今も筆者のチャンネルを続けられているのも視聴くださっている皆さんのお蔭です。これからも筆者は迷走することもあるでしょうが、常に気持ちは変わらず、視聴者の方々のためになる情報、楽しくて元気が出る内容を発信していく所存です。今後ともご支援のほど何卒よろしくお願いします。

また、動画のコンテンツ作りにご協力くださった方々。発電所や変電所の設備を見学させてくださったり、現場を見せてくださり、お忙しい中ご丁寧に説明をしてくださった電力会社の方々。脱炭素の取り組みやサービスをご紹介してくださり、筆者のチャンネルに新しい刺激をくださった企業の方々。対談企画に出演してくださり、エネルギーに関する取り組みをわかりやすく教えてくださり、さまざまな質問にもお答えいただき新たな知識を教えてくださった方々。筆者の発信を見てご連絡をくださり、素敵なご提案をくださった方々。電気の現場を見学したいとの筆者からのラブコールに応えてくださった方々。その後も意見交換をしながら定期的に電気のお話を聞いてくださる方々。カメラマンを手伝ってくださった友人や家族、そのほかにもコンテンツにご協力いただいた方々は数え知れません。誠にありがとうございます。

ユーチューブチャンネルのほかにも、筆者は、電力や脱炭素に関するコンサルティング業務や講演などの活動をしています。仕事で携わる先輩方や仲間の皆さんにおかれましては、まだ独立したばかりのとき、エネルギーのこと以外にも仕事のやり方などで教わることが多かったのですが、親身に相談にのってくださったり、社員でもない筆者にいろいろと教えてくださったことを今でも大変感謝しています。また、今一緒に仕事をさせていただいてる方々にも、筆者のSNS配信やユーチューブの活動をご理解いただき、筆者のためになることを考えてくださり、幸せな環境で仕事と情報発信活動をできていることに大変感謝しています。

まだ未熟者ではありますが、フットワークの軽さと自由に各地で活動できることを武器に、皆さんに有意義な情報やサービスを提供していけるよう精進していきます。

そして、本書を執筆して改めて気づかされたのは、電力の安定供給を守り、日本の未来をより良いものにしようと活動してくださっている皆さんは、とても「尊い」ということです。電気を扱うということは感電する危険性がありますし、災害や事故にも対応しないといけませんし、現場の方々は常に命と隣り合わせです。そのようななかで、この業務に就いてくださっている、そして、日本のエネルギーの安定供給にやりがいと誇りを感じておられていることに、本書を通じて読者の皆さんにも知っていただきたい気持ちでいっぱいです。
最後に、本書の企画構想段階から編集、出版に至るまで、エネルギーフォーラムの山田衆三さんに大変お世話になりました。心より御礼申し上げます。

２０２３年12月吉日

電力系ユーチューバー（電気予報士）

伊藤菜々

〈参考動画〉

◎再エネ賦課金の決まり方☆回避可能費用ってなあに？
https://youtu.be/wsQveUfXgb4

◎農業×太陽光発電☆営農型オフサイトPPA
☆アグリガスコム、中部電力ミライズさんの取り組み
https://youtu.be/yNMRRrsfKO4

◎家電専門店ノジマさんに最新省エネ家電を取材してきた☆
https://youtu.be/7RPQJ8uR-tI

◎電気はどうやって家庭まで送られるの？
https://youtu.be/lNOq3LMO2D0

◎プラゴさんの予約ができるEVグリーン充電してみた☆大川社長も登場
https://youtu.be/AOefArbyN8M

〈著者紹介〉

伊藤菜々　いとう・なな
電力系ユーチューバー（電気予報士）

1989年埼玉県生まれ。私立浦和明の星女子高校、上智大学経済学部経営学科卒業。大学在学中にミスコンテストに出場し、ファイナリストに選出される。また、タレント活動やバックパッカーとして世界各地を旅行する。大学卒業後は、トレーディングファームに入社し、先物取引のアルゴリズムトレードを行う。FIT制度が始まった際に再エネファンドに入社し、電力全面自由化に伴い新電力の立ち上げに関わったあと2019年から独立。現在のスタジオガルを開業。電気事業の立ち上げ・運営支援、企業PRや商品広報、ZEH住宅、マイクログリッドなどの地域カーボンニュートラル活動を行う。実績として電力会社などの企業での講演、学校での出前授業、展示会・イベントの出演を行う。電力業界を楽しく！わかりやすく！解説したYoutubeチャンネル「電気予報士なな子のおでんき予報」を2020年4月に開設して情報発信中。第二種電気工事士、電験三種を取得。電気主任技術者として独立するための修行をしながら電験二種の合格に向けて勉強中。

◎有限会社スタジオガルHP
https://www.studiogaru.tokyo/

◎X（旧Twitter）
https://twitter.com/Denkiyohoushi

◎Facebook
https://www.facebook.com/nana.denkiyoho

◎Youtube
https://www.youtube.com/@denkiyohoshi

電気予報士なな子のおでんき予報

2024年2月26日第一刷発行

著者　伊藤菜々
発行者　志賀正利
発行所　株式会社エネルギーフォーラム
〒104-0061 東京都中央区銀座5-13-3 電話 03-5565-3500
印刷・製本　中央精版印刷株式会社
ブックデザイン　エネルギーフォーラム デザイン室

 ISBN978-4-88555-538-1